LA VIDA EN CUATRO LETRAS

Últimos títulos publicados en esta colección:

R.-P. Droit, *La filosofía no da la felicidad*
M. Onfray, *Cosmos*
L. Castellanos, D. Yoldi y J. L. Hidalgo, *La ciencia del lenguaje positivo*
H. G. Frankfurt, *Sobre la desigualdad*
M. Ford, *El auge de los robots*
R. Martinez, *Crear libertad*
M. Onfray, *Pensar el islam*
N. de Grasse Tyson, *Crónicas del espacio*
J.-D. Vincent, *El cerebro explicado a mi nieto*
D. J. Siegel, *Viaje al centro de la mente*
J. Brockman, *Este libro le hará más inteligente*
H. Jahren, *La memoria secreta de las hojas*
J. Pereyra, *Las 4 fuerzas que rigen el universo*
H. Czerski, *¿Por qué a los patos no se les enfrían los pies?*
M. Launay, *La gran novela de las matemáticas*
Ch. Spence, *Gastrofísica*
F. Foer, *Un mundo sin ideas*
Z. Bauman, *Reflexiones sobre un mundo líquido*
N. deGrasse, *Astrofísica para gente con prisas*
A. Alter, *Irresistible*
R.-P. Droit, *Volver a ser niño*
M. Harris, *Solitud*
N. N. Taleb, *El lecho de Procusto*
L. Feldman Barret, *La vida secreta del cerebro*
A. Kenny, *Breve historia de la filosofía occidental*
N. Riggs, *Un momento extraordinario*
S. Westaby, *Vidas frágiles*
Z. Bauman, *Amor líquido*
S. Pinker, *En defensa de la Ilustración*
S. Pinker, *Los ángeles que llevamos dentro*
S. Pinker, *La tabla rasa*
M. Onfray, *Decadencia*
L. Sagnier, *Más cansadas que infelices*
K. J. Gergen, *El yo saturado*
T. Morton, *El pensamiento ecológico*
K. Armstrong, *La gran transformación*
C. Fine, *Testosterona rex*
R.-P. Droit, *La tolerancia explicada a todo el mundo*
F. Manes y M. Niro, *El cerebro del futuro*
N. N. Taleb, *Jugarse la piel*
S. Zweig, *Balzac*
S. Chemaly, *Enfurecidas*
Edgar Cabanas y Eva Illouz, *Happycracia*
E. Kandel, *La era del inconsciente*
E. Kandel, *La nueva biología de la mente*
N. Mandela, *El camino a la montaña*
C. López-Otín, *La vida en cuatro letras*

CARLOS LÓPEZ-OTÍN

LA VIDA EN CUATRO LETRAS

Claves para entender la diversidad, la enfermedad y la felicidad

PAIDÓS Contextos

1.ª edición, abril de 2019
5.ª impresión, julio de 2019

Avda. Diagonal, 662-664
08034 Barcelona, España
Paidós es un sello editorial de Editorial Planeta, S. A.
www.paidos.com
www.planetadelibros.com

ISBN: 978-84-493-3582-2
Fotocomposición: Toni Clapés
Depósito legal: B. 6.105-2019

El papel utilizado para la impresión de este libro es cien por cien libre de cloro y está calificado como papel ecológico.

Impreso en España – *Printed in Spain*

A Juan Valcárcel, por enseñarme
que Macondo está en Lugo

SUMARIO

PRÓLOGO

Vine al mundo el último mes de un gélido año en Sabiñánigo, un enclave del Pirineo oscense rodeado de una naturaleza exuberante que despertaba el asombro por la vida. Allí donde dicen que el mar estuvo pero ya no estaba, mis padres me legaron un curioso compás genómico en el que, al Norte, además de los Pirineos, se situaba la curiosidad por entender el mundo; por eso, como Joan Margarit, «de niño ya buscaba las ventanas, para poder huir con la mirada»; al Sur, la aguja magnética señalaba el placer de disfrutar de la vida cotidiana; en el Este aparecía la tenacidad aragonesa para perseguir lo que se anhela y, por último, al Oeste, se encontraba el afán de contribuir a construir un entorno social más justo. Tras concluir la guerra civil, mi pueblo había crecido de manera rápida y desordenada en torno a varias fábricas de productos químicos que aprovechaban con avidez nuestro recurso más precioso: el agua de Tales de Mileto, el gran pensador griego que situaba esta sencilla molécula en el origen de todo. En aquella época en la que no teníamos reloj pero teníamos tiempo, la vida social se dibujaba en blanco y negro. Sin embargo, y pese a que es posible que la memoria selectiva haya borrado algunas adversidades de mi mente, puedo decir que la mayoría de mis recuerdos infantiles y juveniles son de una natural felicidad. Primero, en un entorno familiar que nos regalaba educación, cultura y libertad; después, en la minúscula escuela donde viví el insuperable momento en que aprendí a leer y a escribir; más tarde, en la calle, en el río y en la montaña, donde pasábamos las horas y nos sentíamos inmortales al descubrir que la vida no tenía límites; y, finalmente, en el instituto, donde aprendí a preguntarme el porqué de las cosas. El entorno social era complejo y las limitaciones, abundantes: ni yo mismo, ni mis hermanos, ni mis primos, ni ninguno de mis amigos de entonces, que siguen siendo los de hoy, vinimos al mundo con los sueños cumplidos antes de soñarlos. Sin embargo, en general, todos fuimos naturalmente felices, sin exageraciones y con las luces y las sombras de la adolescencia; simplemente felices por tener la oportunidad de vivir la vida y de progresar en ella.

Orientado por los consejos de mis profesores del instituto, comencé a estudiar Ciencias Químicas en la Universidad de Zaragoza. Solo tenía dieciséis años; nada sabía de la vida social y además me acompañaba una gran timidez botánica, esa que hace que las copas de algunos árboles rehúyan el contacto entre sí y formen un dosel con grietas por las que se filtra la luz. La idea inicial era regresar a casa en el futuro para trabajar en alguna de aquellas fábricas en las que los obreros eran del pueblo y los directores siempre venían de fuera. Con el tiempo, entendí que la estrategia de mis primeros mentores no era otra que la de fomentar el progreso a través de la educación. Sorprendentemente, aquel ingenioso plan trazado con la misma matemática precisión con la que Paracelso escogía a sus discípulos nunca se hizo realidad, porque el azar o la necesidad sembraron en mi camino algunas preguntas sobre la naturaleza de la vida y de las enfermedades cuya resolución exigía viajar como Ulises a lugares lejanos y asumir más riesgos.

En aquel tiempo, los cursos universitarios empezaban más tarde que ahora, así que fue una mañana de octubre de 1975 cuando abordé en la estación de mi pueblo un tren al que todos llamábamos «el Canfranero» para emprender el primer gran viaje de mi vida. Ciertamente, aquel tren con salida en la bellísima y decadente estación de Canfranc me transportó con gran parsimonia por las tierras altas y las tierras bajas de Aragón hasta depositarme en la capital zaragozana. Allí, pronto tuve la certeza de que aquella lenta transición de la montaña a la ciudad solo representaba la etapa inicial de un viaje mucho más lejano y profundo; un viaje científico, personal e interminable al mismísimo centro de la vida.

Mis primeras semanas en la ciudad y en la universidad fueron difíciles; todo era grande para mi mente y nuevo para mis ojos. Además, había que acomodarse a muchas y muy diversas circunstancias personales y académicas, incluyendo las numerosas tareas impuestas por profesores tan exigentes como excelentes. Entre todos ellos destacaba don Horacio Marco, cuya voz tronante y severo nombre de personaje de novela costumbrista se ajustaban perfectamente a su implacable rigor docente. Sus brillantes e inolvidables lecciones me abrieron la mente y los ojos a una nueva forma de abordar el estudio de la esencia molecular de la vida. Después, sus consejos me indujeron a subirme a otro tren aragonés que, también con parsimonia, pues el AVE no existía todavía, me llevó a la capital de España para iniciar en la Universidad Complutense mi formación en el ámbito de la bioquímica y la biología molecular. Nunca olvidaré mi llegada a Madrid «en esa hora en que las noches y los días se prestan uno a otro oscuridad y luz, verdad y mentiras». Allí, además de encontrarme con la música de Antonio Vega y aprender a navegar en la vida social, conocí a profesores inspiradores y transformantes, como Margarita Salas y José G. Gavilanes, que modelaron definitivamente mi hasta entonces confusa y dispersa vocación científica.

Tras definir mi inclinación hacia la investigación de problemas médicos, mis profesores me animaron a realizar la tesis doctoral en el Hospital Ramón y Cajal de Madrid. Allí, Enrique Méndez me enseñó los fundamentos tecnológicos del trabajo con las proteínas plasmáticas y me instruyó en los principios de la inmunología, la endocrinología y la bioquímica clínica. Después, Eladio Viñuela me regaló una profunda formación en los ámbitos de la biología molecular y la virología, en el Centro de Biología Molecular «Severo Ochoa» de Madrid. A lo largo de mi carrera investigadora tuve la oportunidad de ampliar mi bagaje científico, primero, en la universidad sueca de Lund, bajo la atenta y entrañable mirada del profesor Anders Grubb, y, posteriormente, en las universidades de Nueva York y Harvard. Sin embargo, más allá de los muchos viajes y de las estancias científicas realizadas en lugares tan diversos como lejanos, la mayor parte de mi labor académica e investigadora se ha desarrollado en la Universidad de Oviedo, a la que me incorporé hace ya más de treinta años y en la que he volcado todo mi esfuerzo, siempre entrelazado con las difíciles circunstancias en las que transcurre la labor diaria de muchos profesores universitarios comprometidos con la idea de mejorar un entorno cultural tan frágil como es el de nuestro país.

En todos los sitios y ciudades por los que fui pasando encontré muchos motivos para el disfrute y la felicidad, tanto en el ámbito personal como en el profesional. En nuestro laboratorio hemos trabajado en temas muy variados y en todos ellos hemos tenido la fortuna de realizar contribuciones que han abierto nuevos caminos para la ciencia y la medicina. Así, en la era pregenómica descubrimos más de sesenta nuevos genes* humanos y analizamos sus funciones en la progresión tumoral y en otros procesos normales y patológicos. Después, participamos en la lectura y el desciframiento del genoma* de los seres humanos y de otros organismos de interés biomédico y evolutivo, desde los chimpancés y los orangutanes hasta los galápagos gigantes y las ballenas boreales, que viven más de doscientos años y no presentan evidencias de enfermedades oncológicas o degenerativas. Estos trabajos

* Nota del editor: A partir de ahora se indicarán con un asterisco todos los términos definidos en el glosario (p. 233) que aparecen por primera vez en el texto.

nos han ayudado a encontrar respuestas para una gran pregunta: ¿qué nos hace humanos? Desde 2009, nuestro laboratorio codirige la contribución española al Consorcio Internacional del Genoma del Cáncer, que ha descifrado el genoma de centenares de pacientes con cáncer. Entre nuestros trabajos más recientes en otros campos destacan el descubrimiento de dos nuevos síndromes de envejecimiento acelerado, el hallazgo de nuevos genes causantes de la muerte súbita y el melanoma hereditario, la definición de las claves moleculares del envejecimiento y la propuesta de nuevas posibilidades de control metabólico de la longevidad. Además, he tenido la inmensa satisfacción de crear una peculiar consulta científica de genómica social que ha podido ayudar a muchos pacientes asturianos, españoles y del mundo entero que acudieron a nosotros en busca de salud o de esperanza. En suma, he tenido una vida plena de objetivos, proyectada en los demás y fácilmente calificable como feliz.

De pronto, un día de las postrimerías del verano de 2017 todo comenzó a quebrarse. Hasta entonces mi vida transcurría con total armonía y normalidad; apenas unas horas antes había disfrutado de uno de esos días tan plenos de bienestar emocional que, de acuerdo con los criterios de Abderramán III, estarían entre los catorce días de felicidad plena a los que podemos aspirar los humanos. Sin embargo, lo que parecían ser unas pequeñas disputas profesionales acabaron por causarme una tristeza tan grande que el mundo empezó a temblar bajo mis pies. Nada raro en estos tiempos; la presión laboral es alta en cualquier ámbito y la insatisfacción, muy grande. La verdad es que pensé que todo pasaría; varios colegas que habían atravesado situaciones parecidas me aseguraron que estas cosas se acababan superando, pero lo cierto es que no fue así. La bola creció tanto que sentí muy cerca el aliento del acoso laboral y, al final, la vida cotidiana se convirtió en una pesadilla difícil de soportar. Así es como perdí mi *ikigai*,* una bella palabra japonesa que se refiere al propósito vital, a ese impulso que nos hace salir cada día a la vida, aunque a veces nos parezca algo insoportable, impensable e, incluso, imposible. Todo lo que durante décadas había constituido mi estímulo fundamental se había evaporado al convertirse en una tarea rodeada de agresividad y sordidez. Pero el destino todavía se guardaba una carta más bajo la manga.

En plena vorágine de tristeza y decepción, me comunicaron que se había producido una sorprendente infección en el bioterio en el que manteníamos a los ratones que habíamos creado durante más de veinte años de actividad para generar modelos animales de enfermedades humanas. Estos ratones modificados genéticamente son modelos vivos de extraordinario valor médico y científico, y en su creación hemos invertido miles de horas de esfuerzo. Con el tiempo hemos ido sustituyendo algunos de estos modelos animales por modelos celulares como los basados en el empleo de células *stem** pluripotentes inducidas (o células iPS); pero, hoy por hoy, todavía hay que usar ratones u otros animales para desarrollar y probar los medicamentos que se van a emplear después en humanos. Frente a la infección, solo quedaba una solución: el sacrificio inmediato de todos esos animales para proceder luego a la limpieza de las instalaciones. En menos tiempo del que se tarda en contarlo, todas nuestras historias «de ratones y hombres» quedaron destruidas.

Ante mí ya no estaba el infinito, sino el apocalipsis. Nunca había vivido ni conocido nada semejante a lo largo de mi carrera científica, y cualquiera que esté familiarizado con este trabajo entenderá la magnitud de la catástrofe. Todos mis estudiantes y colaboradores se quedaban de pronto sin trabajo; sus proyectos de investigación, algunos con varios años de desarrollo, iban directamente al cubo de la basura. Lógicamente, en el laboratorio manteníamos siempre embriones congelados de reserva por si alguna de nuestras cepas de ratones sufría un accidente y había que reemplazarla. Pero reconstruir todas y cada una de las más de cincuenta nuevas cepas murinas creadas en nuestro laboratorio era una tarea que nos iba a llevar un mínimo de dos años, y después tendríamos que empezar de cero todos los experimentos que estaban en marcha cuando surgió la infección. De pronto, y sin poder evitarlo, me deslicé como Aureliano Segundo, de los Buendía de Macondo, por desfiladeros de niebla y laberintos de desilusión, hasta instalarme en esa situación que tan bien describe la voz conmovedora de Luz Casal en su *No me importa nada*. Después, simplemente me puse a conversar con la oscuridad. Me alejé de todo y de casi todos, buscando una sólida soledad. Apenas guardé un hilo de *élan vital* en un rincón de la memoria, por si me servía de guía alguna vez para encontrar la salida de aquella encrucijada.

Ahora mismo, mientras escribo este texto todavía en pleno eclipse del alma, me siento como la ballena solitaria de 52 hercios, un animal mítico que nadie ha visto todavía, pero cuyo peculiar canto a una frecuencia extraordinariamente inusual se ha registrado en repetidas ocasiones. Se supone que esta ballena, cuya frecuencia de canto no puede ser oída por sus hipotéticos congéneres, viaja por los océanos del mundo en completa soledad. Desconcertado, confundido, atónito, me pregunto qué es lo que me está pasando. Escucho la canción triste más bella que conozco, *L'appuntamento,* interpretada por Ornella Vanoni, y la emoción reemplaza a la ansiedad. Recupero el pensamiento científico y reviso mis propios lenguajes genómicos, pero sigo sin salir de mi asombro. Confirmo que poseo en mi genoma algunas de las variantes que predisponen a la felicidad. Además, los códigos epigenéticos* que reflejan mi diálogo molecular con el entorno se encuentran aparentemente bajo control, sigo unas pautas de vida sana y equilibrada, con una alimentación austera y natural, y realizo una actividad profesional muy intensa y exigente pero sin sucumbir nunca al estrés o a las urgencias.

De manera semejante, mi metagenoma* (el conjunto de mis genes humanos y los de todos los microorganismos que cohabitan mi cuerpo) se encuentra en equilibrio estable. No he tomado prácticamente nunca ningún antibiótico que haya alterado mi componente microbiano y me convenzo de que las mismas pautas vitales que me permiten tener cambios epigenéticos positivos mantienen en buen estado la muy abundante fauna de microorganismos que cohabitan pacífica y solidariamente con mis billones de células humanas. Dicho de otra manera, no tengo ninguna prueba de haber entrado en esa nueva forma de desequilibrio biológico llamada disbiosis* y, por tanto, no incumplo mi propia regla de que la felicidad es, entre otras cosas, la ausencia de disbiosis. Perplejo, sigo rebuscando entre el argumentario de la ciencia y el conocimiento, y corroboro que no tengo ni he tenido ninguna enfermedad, que no sufro ningún dolor y que la mayoría de los miedos habituales en los humanos, incluido el miedo a la muerte, no ocupan ningún espacio relevante en mi mente.

No me queda más remedio que asumir que la felicidad es un concepto de extraordinaria volatilidad. Crees que tienes controlada tu vida, y de pronto entiendes que lo que parece imposible al final es posible y sucede: ahora eres feliz, ahora ya no lo eres; y lo que todavía es más concluyente: ahora estás vivo, ahora ya no lo estás. Por eso, vuelvo a considerar mi situación emocional, pongo en una balanza todo lo positivo y trato de minimizar los acontecimientos que me han llevado a ese profundo eclipse del alma. Sin embargo, pese a mis esfuerzos y a los de unas cuantas personas que han sabido diseccionar con precisión milimétrica los motivos que me han arrastrado hasta ese pozo de melancolía continua, no logro recuperar la armonía molecular. Mi cabeza sigue dando vueltas y de pronto imagino que soy un clon de Sísifo, condenado por los dioses a empujar eternamente una enorme roca hasta la cima de una montaña, para una vez arriba contemplar una y otra vez cómo vuelve a caer por la pendiente. Visualizo la roca de Sísifo, no ya empujada por mis manos, sino instalada dentro de mi mente, y me doy cuenta de que cualquiera puede ser «el hombre más feliz del mundo», incluso yo mismo creía que lo era, pero de pronto sin enterarte, en un abrir y cerrar de ojos, pasas a ser «el hombre más triste del mundo».

De esta inesperada transición personal de la felicidad a la tristeza y del esfuerzo por regresar a la situación original surge *La vida en cuatro letras*, un libro de autoayuda, pero no en su sentido convencional, sino justo en el contrario. Este es un texto concebido en primer lugar para ayudar al autor, un *Homo sapiens sentiens* que siempre trató de ser estudioso y altruista pero que de pronto perdió su *ikigai*. A lo largo de varios capítulos, que simbólicamente suman catorce como los días felices de Abderramán III, nos acercaremos desde la ciencia a las claves de la vida, de la enfermedad y de la felicidad, intentando responder en primer lugar a una pregunta de improbable respuesta: ¿qué es la vida? Después, avanzaremos en la presentación de los momentos estelares de la historia de la vida sobre la Tierra para tratar de entender cómo llegamos hasta aquí y por qué en un escenario preparado para la felicidad y el disfrute surgieron una serie de adversidades que nos trajeron la enfermedad como amenaza universal para la felicidad. A continuación, para progresar en nuestro afán de conocer más para vivir mejor, explicaremos las claves de la vida y de las enfermedades en términos científicos, y para ello habrá que entender los lenguajes moleculares que hacen posible nuestra particular aventura vital.

El primero de todos es el lenguaje genómico, que ya parece bien conocido por muchos, aunque, como bien saben mis alumnos, uno no entiende de verdad algo hasta que no es capaz de explicárselo a los demás. Sin embargo, más allá de los mensajes escritos en nuestros genes, hay otros lenguajes biológicos, variables y dinámicos, que derivan en gran medida de nuestra interacción con el ambiente. Estos nuevos mensajeros de vida son los distintos lenguajes *ómicos* (entre los cuales se encuentran el epigenoma y el metagenoma) que estamos empezando a descifrar y de los que estamos aprendiendo lecciones insospechadas. Con esta información sobre los lenguajes de la vida, abordaremos el estudio de las alteraciones que se producen en cada uno de ellos, comprometiendo así nuestro estado de bienestar básico y arrastrándonos hacia la enfermedad. Seguidamente, presentaremos las opciones generales que hay en la actualidad para el tratamiento de las patologías humanas, hasta concluir con la discusión de los que llamaremos «nuevos elixires de felicidad». Estas innovadoras pócimas mágicas son aproximaciones tecnológicas, como la secuenciación de genomas,* la reprogramación celular* o la edición génica,* que están llamadas a transformar sustancialmente la manera de afrontar nuestra relación con el lado oscuro de la vida manifestado en forma de enfermedades incurables o intratables.

Alcanzado así el grado mínimo de conocimiento general necesario, estaremos preparados para penetrar en terrenos mucho más difusos y especulativos, y para preguntarnos si todos estos avances, tan impactantes como sorprendentes, van a cambiar sustancialmente nuestra forma de entender la vida y las enfermedades que hoy nos abruman. Discutiremos sobre la inmortalidad y la perfección, sobre la robótica y la inteligencia artificial,* y acabaremos afrontando la idea de si el *Homo sapiens* tiene futuro sobre el planeta de los genes. Finalmente, como soy consciente de que el *Homo videns* actual no tiene tiempo para distraerse demasiado en tareas que exigen leer o pensar ni se siente inclinado a ello, el libro terminará con la presentación de cinco claves generales y catorce breves recomendaciones que a mí personalmente, tras mi particular viaje al centro de la vida, me han ayudado a entender un poco mejor el concepto de felicidad, tanto en la salud como en la enfermedad.

CAPÍTULO 1

Sapiens y *sentiens*: los campeones de la felicidad

Cierro los ojos y, mientras llego al infinito, me distraigo escuchando *Spiegel im Spiegel*. Su sonido sencillo y repetitivo, basado en acordes de tres notas, me invita a viajar al centro de la vida. Visualizo el abrazo helicoidal de la estructura de mi ADN,* el material genético portador de todos mis secretos, y percibo que ahora mismo algunos de mis genes se están leyendo de manera armónica e incansable en grupos de tres unidades químicas llamadas «nucleótidos»*.

Con exquisita atención, trato de apreciar si la lectura de los tripletes de mi genoma me devuelve la misma melodía especular y minimalista creada hace treinta años por Arvo Part. No logro escuchar sus tríadas tónicas, tal vez la armonía musical se esté perdiendo en el ruido de la vida; pero como *Homo sapiens sapiens* educado en los misterios biológicos, sé que la traducción acompasada de mi genoma, aun sin producir sonidos, está generando las proteínas que me permiten pensar, sentir y ser.

Estoy vivo, o al menos eso parece, pero el infinito está lejos y el viaje en mi vagón del silencio se hace tan largo que por un instante dejo de pertenecer a la especie pensante que sabe que sabe y me convierto simplemente en un *Homo sentiens sentiens*. Siento que siento y me doy cuenta de que estoy vivo, pese a que en los últimos tiempos no me hubiera importado compartir con Jeremiah de Saint-Amour, el personaje de *El amor en los tiempos del cólera*, unos sahumerios de cianuro de oro para acceder al Gran Mar y disfrutar de la calma y la serenidad que tan difícilmente se encuentran en la vida cotidiana.

La vertiginosa actividad biológica de mi cuerpo me saca del ensimismamiento y continúo mi viaje imaginario por el minúsculo universo celular que late bajo la piel que habito. Abro los ojos y compruebo fascinado que miles y miles de reacciones bioquímicas orquestadas en perfecta armonía molecular hacen posible cada instante de mi vida, pero de nuevo me distraigo en el simbólico azul de mi mar interior, oscilo indeciso entre el *sapiens* y el *sentiens*, y acabo preguntándome si soy feliz.

Durante mucho tiempo, esta pregunta habría tenido siempre la misma respuesta, una palabra tan rotunda como resonante, un claro sí, sin ningún matiz, sin ninguna excusa. Ahora, al atravesar la frontera de los sesenta años, la edad del neodimio, tengo una duda tan profunda como inquietante sobre si el sí es en realidad no, o sobre si hay que añadir matices y excusas para encontrar la respuesta precisa. Intuyo que mi percepción de la felicidad ha cambiado; mi vieja y crónica idea de que el conocimiento científico de los mecanismos que sustentan la vida iba a proporcionarme algunas de las claves del bienestar humano se está tambaleando. Me asusto e inmediatamente invoco a Funes el Memorioso para que me recuerde los nombres de quiénes, según la literatura, la historia, la medicina, la ciencia o la propia vida me han enseñado, son los campeones de la felicidad. Con ingenuidad, quiero creer que sus peripecias personales pueden ser el nuevo compás magnético que me oriente en estos momentos de incertidumbre.

Mientras sigue sonando en bucle la música de los espejos infinitos de Arvo Part, emerge de la niebla de un pasado imaginario la figura de Marco Flaminio Rufo. Para este tribuno romano, la felicidad estaba en alcanzar la inmortalidad, un deseo que algunos prominentes miembros de la sociedad actual, tan ricos como poco leídos, tratan hoy de conseguir. El infortunado Marco logró su loco propósito tras beber el agua arenosa del río de la inmortalidad, pero cuando cayó en la cuenta de que este ansiado don era en realidad una terrible condena, se pasó el resto de su larguísima vida buscando la manera de librarse de ella. Así, desde el siglo x, el romano Rufo recorrió el mundo en busca del agua capaz de neutralizar su inmortalidad y restaurar su felicidad. Finalmente, en 1921 encontró en el norte de África el río largamente soñado, recuperó la vulgar mortalidad y fue feliz.[1]

Tras la sombra de Marco Flaminio, la luz de la historia me trae a Abderramán III (891-961), el primer humano que se atrevió a cuantificar la felicidad. Nacido en Córdoba, era un hombre de carácter amable y cortés, salvo con sus enemigos. Su elocuencia, su pelo rubio rojizo y sus profundos ojos azules le otorgaban un gran atractivo personal que le ayudó a disfrutar de algunos placeres de la vida. Además, su curiosidad intelectual le llevó a explorar múltiples campos del saber, desde el derecho a la poesía, y le impulsó a construir la bella ciudad de Medina Azahara y a convertirla en un foco cultural desde el que se irradió el conocimiento a toda Europa. Sin embargo, en el vasto legado que nos dejó Abderramán III, hubo algo que siempre me impresionó de manera especial.

El ilustrado califa cordobés escribió un curioso diario en el que llevaba las cuentas de su felicidad personal y, cuando se estaba acercando el momento de despedirse de la vida, nos regaló este conmovedor resumen: «He reinado durante más de cincuenta años en victoria o en paz, he sido amado por mis súbditos, temido por mis enemigos y respetado por mis aliados. He tenido acceso a riquezas y honores, a poder y placer, y no parece que ninguna bendición terrenal haya quedado fuera de mi alcance. Al final, he contado diligentemente los días de felicidad pura y genuina que he disfrutado, y en total suman catorce».

Si quien fuera considerado el hombre más feliz del mundo, tanto por los demás como por sí mismo, solo pudo disfrutar de catorce días de felicidad plena (y no seguidos), parece claro que la empresa de ser feliz en nuestro planeta de los genes es casi tan compleja como la de garantizar la viabilidad de una libélula en vuelo hacia Venus. Con este pensamiento revoloteándome por la cabeza, continúo repasando mi lista mental de los seres felices hasta que encuentro una mujer extraordinaria, Jeanne Calment (1875-1997), el ser humano con la mayor longevidad documentada, con perdón de Matusalén y de otros héroes bíblicos cuyas míticas edades no han sido todavía plenamente verificadas. Jeanne nació en Arlés, en la Costa Azul francesa, donde vivió durante 122 años, 5 meses y 14 días.

No sabemos qué percepción tuvo Jeanne de su propia felicidad, pero sí tenemos plena constancia de que disfrutó de la vida. Alimentando la «paradoja francesa» del bienestar, fue adicta al chocolate y bebió con deleite vino rico en resveratrol (un elixir moderno contra el envejecimiento) hasta el final de su tiempo. Incluso quiero creer que esos catorce últimos días que completan su récord de longevidad establecen un vínculo simbólico con los días de plena felicidad disfrutados por el mismísimo Abderramán III. En suma, una vida larga y rica, sin alardes, sin sobresaltos y sin enfermedades parece ser una buena receta de la felicidad.

Sin embargo, y para mi enorme sorpresa, el siguiente nombre que aparece en mi exigua lista de personas felices no es otro que el de Sammy Basso, cuyas características biológicas lo sitúan en las antípodas de Jeanne Calment. Sammy es todavía muy joven, tiene poco más de veinte años, pero desde que aterrizó en nuestro planeta la vida le mostró su lado más oscuro en forma de una enfermedad devastadora llamada «síndrome de Hutchinson-Gilford». Los menos de 150 pacientes que hoy padecen esta enfermedad en todo el mundo portan una misma mutación en su genoma, un solo cambio entre los tres mil millones de piezas que conforman el ADN humano. Como consecuencia de este daño tan ínfimo, el reloj biológico de todos estos niños avanza a un ritmo tan rápido que se vuelven demasiado viejos demasiado pronto.[2]

He tenido la inmensa suerte de compartir espacio y tiempo con Sammy Basso. Además, he podido sentir de cerca su enfermedad porque nuestro laboratorio ha contribuido a desarrollar estrategias que le han permitido sobrevivir hasta superar el umbral de la adolescencia, un Everest antaño inalcanzable para los niños con envejecimiento prematuro. A cambio, Sammy nos ha ofrecido el ejemplo de su extraordinaria manera de vivir, pensar y ser. Sustentado por su familia, por sus amigos y también por una fe religiosa inquebrantable, el fragilísimo Sammy se ha aferrado a la vida con tanta fuerza que no solo ha logrado completar muchas más vueltas alrededor del Sol que las que la medicina le había pronosticado, sino que disfruta de cada instante de su vida como si de verdad fuera el último. Su cuerpo es tan liviano como una pluma y muestra las señales de un abrumador naufragio físico, pero nunca le oí quejarse de nada. Por el contrario, siempre me llegaban nítidamente su risa y su estímulo para perseverar en nuestros retos profesionales y en nuestros anhelos particulares. Mientras mejora la vida de los demás, Sammy estudia Biología en la Universidad de Padua, ha trabajado en nuestro laboratorio como aprendiz de investigador, escribe libros, actúa en obras musicales, viaja por el mundo, imparte conferencias, dirige una fundación y espera con serenidad el momento de decir adiós a la vida. El ejemplo de Sammy demuestra que, incluso en condiciones tan adversas como las de una enfermedad incurable y devastadora, la vida encuentra argumentos para sostenerse y para abrir nuevas ventanas a la felicidad total.

Confundido y desconcertado por mi incapacidad de encontrar algún factor común en las vidas reales o imaginarias de los hombres y mujeres más felices del mundo, escucho el consejo que nos brinda Leonard Cohen en *Anthem* y vuelvo a la ciencia buscando la grieta que hay en todo para que pueda entrar la luz. Con curiosidad, rescato un artículo publicado en una prestigiosa revista científica americana en el que se llega a la provocadora conclusión de que Matthieu Ricard, un bioquímico francés nacido en 1946, es el hombre más feliz del mundo. No puedo ocultar que el hecho de compartir profesión con Matthieu renueva con fuerza mi idea de que los buscadores de las claves moleculares de la vida tenemos alguna pequeña ventaja en nuestra propia aventura en pos de la felicidad. Lamentablemente, el análisis cuidadoso del caso Ricard indica que la bioquímica no fue lo que le ayudó a alcanzar las más altas cimas del bienestar. De hecho, la decisión más importante de su vida fue precisamente la contraria, la de abandonar su carrera científica y convertirse en un monje budista dedicado a la meditación en un monasterio de Nepal.

La concesión de este título mundial del bienestar a Matthieu Ricard surgió a raíz del estudio realizado por un grupo de investigadores de la Universidad de Wisconsin, que sembraron un tupido bosque de 256 sensores en el cráneo de los participantes en el experimento y, gracias a esos dispositivos, pudieron medir durante doce años la actividad neurológica de cada sujeto mediante un aparato de resonancia magnética nuclear. Los resultados del experimento demostraron que, cuando Matthieu Ricard meditaba, alcanzaba en la corteza prefrontal izquierda el más alto nivel de actividad cerebral registrado jamás, cosa que se asocia con una gran capacidad para la felicidad y una mínima querencia por el pesimismo emocional.[3]

El afortunado monje Matthieu, con su cabeza rapada y su modesta túnica roja y azafrán, ha explicado que su incansable práctica del altruismo es el único misterio que subyace al logro de ese primer puesto que nunca buscó en este campeonato mundial de felicidad. Según cuenta él mismo, a través de la meditación compasiva dejamos de pensar continuamente en nosotros mismos, lo cual es una tarea agotadora y estresante que solo conduce a la infelicidad. Por el contrario, la benevolencia, la solidaridad y la atención al prójimo generan un profundo bienestar emocional. Curiosamente, esta conclusión ha sido avalada por diversos neurocientíficos, según los cuales para que la gente sea más feliz, basta con que tenga unos pocos minutos de meditación diaria. En definitiva, parece que una receta tan antigua y sencilla como la suma de mucho altruismo y algo de meditación puede esconder el elixir de la eterna felicidad.

En un último afán por entender todo este galimatías acerca de cómo se puede llegar a ser feliz sin morir en el intento, abandono la música molecular y especular de *Spiegel im Spiegel*, dejo que fluya por mi mente la *Meditación* de Massenet y de pronto percibo que los campeones de la felicidad tienen algo en común. A mi juicio, el factor compartido por todos ellos es que han sido o fueron capaces de lograr un equilibrio perfecto entre el modo *sapiens* y el modo *sentiens*. Tal vez el *Homo sapiens* instruye al *Homo sentiens*[4] y este a su vez conforta al primero, conformando de esta manera un dueto complementario y armónico para afrontar la aventura de la vida con una perspectiva más amplia y profunda. Aliviado por esta sencilla conclusión, me dispongo a poner por escrito estas reflexiones, y así es como comienza este libro, *La vida en cuatro letras,* un ensayo sobre las claves de la diversidad, la enfermedad y la felicidad.

CAPÍTULO 2

Las letras de la vida

Siempre pensé que era mucho más difícil entender el universo que nuestra propia vida, pese a que Albert Einstein afirmó que lo más incomprensible del universo es que es comprensible. Sin duda, no deja de admirarme el hecho de que los físicos hayan demostrado con asombrosa precisión que nuestro mundo comenzó hace 13 800 millones de años. Todo sucedió después de una gran explosión, el famoso Big Bang, tras la cual se produjeron una serie de acontecimientos especiales y espaciales que condujeron a la formación de galaxias espirales. Varios miles de milenios más tarde, en uno de los brazos de una de estas galaxias primigenias se condensó una estrella que hoy llamamos Sol y a cuyo alrededor comenzaron a girar varios astros. Con el tiempo, y ante la aparente indiferencia del cosmos, el planeta Tierra, uno de estos astros viajeros que parece «una mota de polvo suspendida en un rayo de sol», se transformó en un lugar de vida inteligente en donde hoy tratamos de sobrevivir y hasta aspiramos a ser felices.[1]

Frente a esta narrativa científica que nos ha permitido reconstruir con precisión cronométrica el mundo mayúsculo y lejano, sorprende la lentitud con la que se desarrollaron los estudios sobre lo que acontece en el mundo minúsculo y cercano, donde organismos de formas y tamaños incansablemente diversos son capaces de recrear una y otra vez el milagro de la vida. Probablemente, la larga historia de ignorancia humana sobre las claves científicas de la vida deriva del hecho de que la ciencia siempre ha generado miedo y desconfianza entre muchos humanos porque nos obliga a dejar atrás el pensamiento mágico para poder adentrarnos en lo desconocido.

La constatación de que existe el miedo a saber me lleva a recordar al gran Isaac Newton, el último de los babilonios y los sumerios porque fue el último ser humano que vio un mundo antiguo antes de que su mente lo transportara al futuro, al suyo y al de todos nosotros. Después de meditar profundamente acerca de la constitución de la materia del universo, Newton fue capaz de deshilvanar el propio arco iris, entre otras muchas hazañas. Sin embargo, para alguno de los grandes poetas románticos, como John Keats, el hecho de destejer el arco iris no era algo digno de mérito, pues eliminaba el misterio de la naturaleza. Para estos exploradores del alma humana, la explicación de que esa cálida combinación de siete colores es fruto del simple paso de la luz blanca a través de un prisma hacía que toda la belleza que hay en nosotros mismos o en nuestro entorno se difuminara hasta disolverse.[2]

Afortunadamente, el paso del tiempo ha acabado por extender la idea de que la ciencia en cualquiera de sus manifestaciones, pues no distingo entre las distintas formas del conocimiento, es un instrumento excepcional para aprehender la verdadera belleza del mundo. Sorprendentemente, esta forma de interpretar el ambiente que nos rodea sigue sin ser apoyada por muchos sectores de la sociedad actual, incapaces de entender que la ciencia nos permite conocer y explicar los fenómenos naturales, para después facilitar nuestra aproximación a la descripción y corrección de sus imperfecciones. La ciencia no garantiza la felicidad, pero gracias a ella hoy podemos concluir que justamente lo más incomprensible de la vida es que es comprensible, al menos en sus aspectos moleculares más generales.

Abandonando sin pudor cualquier atisbo de pensamiento mágico, pero sin disminuir un ápice el sentimiento mágico de la vida, estamos ya bien preparados para explicar que este complejo proceso biológico es el afortunado resultado de una espiral creciente de complejidades. Así, a partir de unas estructuras moleculares sumamente sencillas que tenían todo el tiempo del mundo para evolucionar y adaptarse a un entorno cambiante, se pudo llegar a una especie, el *Homo sapiens*, capaz de pensar, de mirar al futuro y de reflexionar sobre su propio sentido de la existencia. Curiosamente, para alcanzar estas conclusiones no hemos podido servirnos de lo que otras disciplinas hicieron al apoyarse en grandes pensadores y filósofos de la historia antigua de la humanidad. Tuvimos que esperar a que, una vez despejado el humo de las hogueras medievales (algunas de las cuales parecen reavivarse en nuestra era digital), unos cuantos aventureros comenzaran a recorrer todos los rincones del planeta tratando de encontrar las claves de la vida.

Mientras escucho la música acuática de *The oh of pleasure* de Ray Lynch, recuerdo los maravillosos viajes emprendidos con mi hijo Daniel para recorrer los últimos paraísos terrenales e imagino el placer experimentado por esos intrépidos viajeros que con sus descubrimientos geográficos ensancharon nuestro mundo hasta límites insospechados. Algunos pasaron a la historia, como Juan Ponce de León, que en aquellos tiempos presididos por la codicia humana puso en sus aventuras un matiz de investigación básica y centró sus esfuerzos en la búsqueda del elixir de la eterna juventud. Nuestro compatriota creyó haberlo encontrado en 1513 en las costas de Florida, y la leyenda dice que anunció a los cuatro vientos su descubrimiento del agua de la vida y la felicidad. Pero como la ciencia de la bioquímica no existía todavía, Ponce de León no pudo entender que el verdadero elixir de la vida estaba en su interior y acabó muriendo a una edad temprana porque aquellas expediciones por el Nuevo Mundo eran tan duras e insanas que el regreso al Viejo Mundo solía convertirse en una misión imposible.

Los viajes de estos aventureros que se adentraron en el espacio real o imaginario donde acababan los mapas y en los que medraban dragones, unicornios y sirenas sirvieron para descubrir nuevas tierras, ríos y océanos.[3] El propio Cristóbal Colón recogió en su diario de navegación que el 9 de enero de 1493 vio tres sirenas «que salieron bien alto de la mar, pero no eran tan hermosas como las pintan». Fue tal la intensidad de aquellas búsquedas que llegó un momento en el que estos exploradores y aromanautas «no descubrieron más mar porque más mar no había». Mientras suena *Sirens call* («El canto de las sirenas») pienso que el impacto de la febril circunnavegación planetaria en busca de *terra incognita* fue mínimo en lo que respecta a nuestro conocimiento biológico. Tal vez sobró algo de descubrimiento y faltó un poco más de pensamiento. Además, la ausencia de métodos de documentación rápida y fehaciente de los hallazgos logrados alimentó nuevas fantasías sobre el origen de la vida, que dificultaron notablemente el progreso de la biología.

Un curioso ejemplo de las leyendas biológicas propagadas por estos viajeros fue el del árbol de los gansos. Muchos bestiarios medievales recogen bellos dibujos de un árbol mítico del que, en lugar de manzanas, limones o melocotones, brotaban gansos, aves migradoras de las que nunca se habían visto ni sus nidos ni sus huevos. La existencia de este árbol se interpretó como un aval sustancial de la idea de la generación espontánea como explicación del origen de la vida. El árbol de los gansos fue también ampliamente referenciado en el capítulo titulado «De los frutos que tienen dentro un animal de carne, hueso y sangre» del *Libro de las maravillas del mundo,* escrito en torno a 1540 por un viajero llamado John Mandeville, de cuya existencia real se tienen muy serias dudas. La leyenda del árbol adquirió tales proporciones que el prestigioso naturalista suizo Conrad Gessner (1516-1565) investigó el fenómeno y llegó a la sorprendente conclusión de que era cierto. Gessner observó que en algunos troncos arrastrados por el mar crecían percebes y, confundido por la similitud de estos crustáceos con el pico de los gansos, acabó por creer que estas aves migratorias surgían espontáneamente de la madera. Su desafortunado veredicto científico impulsó todavía más la fantasía del árbol de los gansos. Por eso no debe sorprendernos que en el Arca de Tradescant, un fascinante gabinete de curiosidades londinense que está considerado como el primer museo inglés abierto al público, se catalogara en 1638 un ganso que había brotado de un árbol escocés. Compartía espacio con otras maravillas de la naturaleza, como por ejemplo dos plumas de la cola de un ave fénix y un dragón natural que medía más de cinco centímetros. Lamentablemente, el paso del tiempo llevó la leyenda del árbol de los gansos a un terreno mucho más humano. Al parecer, los monjes de los monasterios en donde se elaboraban los libros que propagaban estas fantasías tenían interés en que apareciesen árboles que daban animales en lugar de frutas para poder comer carne en tiempo de Cuaresma, aduciendo como excusa que en realidad se trataba de un alimento de origen vegetal y, por tanto, permitido por la Iglesia. De este modo quedó el misterio resuelto: no eran más que simples cuestiones nutricionales, las cuales han estado siempre en el corazón de muchas turbulencias emocionales.

En medio de tantos mitos y leyendas, no es extraño que durante siglos el progreso biológico fuera tan insignificante que se acabara abriendo un largo paréntesis en la historia del conocimiento sobre las claves de la vida, hasta que, en las Navidades de 1837, el joven naturalista inglés Charles Darwin se embarcó en el *Beagle* e inició un viaje de consecuencias insospechadas para la humanidad. A su vuelta, tras integrar con calma la valiosa información obtenida mediante la atenta observación de la naturaleza en el curso de su viaje, Darwin formuló una teoría que cambió para siempre la percepción de nuestro lugar en el mundo y nuestras esperanzas de alcanzar la felicidad terrenal. Charles Darwin postuló en su libro *El origen de las especies*, publicado el 24 de noviembre de 1859, que todas las especies de seres vivos de nuestro planeta han evolucionado a partir de un antepasado común mediante un proceso de «selección natural». Darwin (y, de manera independiente, Alfred Wallace) fue capaz de intuir la existencia de un hilo común en los seres vivos que nos vincula a todos sin excepción, queramos o no, nos guste o no.

Darwin y Wallace nunca supieron cuál era la esencia material de este hilo molecular, pero entendieron que la naturaleza no tiene un propósito en términos científicos, y que puede crear tantas y tan diversas maravillas porque tiene todo el tiempo posible para hacerlo y todas las oportunidades para cometer errores. Hay algunos ejemplos ampliamente utilizados como aval de esta idea. Así, el naturalista noruego Kjell Sandved preparó una colección de fotografías de las alas de muchas mariposas en las que por azar aparecen dibujos o patrones que se asemejan de manera extraordinaria y sumamente fidedigna a las distintas letras que componen nuestro alfabeto.[4] Sin embargo, no podemos asumir que las mariposas hayan anticipado en sus alas las manchas que en el futuro corresponderían a las distintas letras de nuestro abecedario, desde la A hasta la Z, muchos miles de años antes de que los seres humanos inventaran nuevas maneras de comunicarse entre sí.

Diversidad y belleza, esto es lo que nos ofrece la vida y la naturaleza. Como decía Darwin en *El origen de las especies*: «Mientras este planeta ha ido girando según la constante ley de la gravitación, se han desarrollado y se están desarrollando, a partir de un comienzo tan sencillo, infinidad de formas cada vez más bellas y maravillosas». Análogamente, pero pasando de la belleza al drama, tampoco parece que obedezca al sensato propósito de un diseñador inteligente el hecho de que cada día vengan al mundo miles de niños con enfermedades causadas por defectos genéticos hereditarios o derivadas de la imperfección de nuestra propia esencia biológica.

Darwin demostró así su extraordinaria intuición, y el tiempo reveló que tenía razón: por un lado, existen formas y figuras plenas de belleza natural, a las que el *Homo sapiens* dota de sentido;

pero también hay enfermedades y adversidades plenas de confusión, para las que ese mismo *Homo sapiens* busca una explicación y una solución.

Una vez asumidas estas dos grandes lecciones —la existencia de un hilo conductor en la vida y la ausencia de un plan general en la naturaleza—, la ciencia comenzó a intuir que las respuestas importantes estaban cerca, aunque todavía tuvieron que pasar unos cuantos años para llegar a ellas. Fue en la primavera de 1953 cuando una curiosa fotografía tomada por Rosalind Franklin, una joven y brillante científica inglesa, abrió para siempre el camino hacia el futuro. Rosalind, gran pionera en la lucha por acceder a entornos profesionales tradicionalmente reservados a los hombres, realizó una fotografía en blanco y negro de un cristal de ADN, la macromolécula que unos años antes había identificado el canadiense Oswald Avery como el principio transformador que lleva la información genética en la mayoría de los seres vivos. La icónica imagen 51 tomada por Rosalind llegó a manos de dos ambiciosos e inteligentes investigadores, el biólogo estadounidense James Watson y el físico inglés Francis Crick, que entendieron al instante que en aquella fotografía se encontraban los secretos moleculares fundamentales de la vida.[5]

En apenas unas semanas, Watson y Crick concluyeron que la vida se escribe en un código molecular de cuatro letras que designan cuatro componentes químicos: A de adenina, C de citosina, G de guanina y T de timina. Además, la A aparece siempre emparejada con la T y la C siempre con la G. Así, la vida humana se construye a partir de una larga tira molecular de dos metros de material genético, que están cuidadosamente empaquetados en cada una de nuestras células y repartidos en 23 pares de cromosomas.* Tras esta epifanía, Watson y Crick pasaron a explicarnos que, desde el punto de vista molecular, la vida viene siempre de la vida y siempre genera vida. La clave de la herencia, un proceso biológico cuyo desconocimiento científico ha causado tanto daño, no es otra que la unión de dos hebras helicoidales de ADN, de forma que cada A presente en una de las hebras se emparejará con una T de su complementaria, y, análogamente, cada C de una hebra con una G de la otra. Así, a partir de una molécula utilizada como molde, siguiendo estas sencillas reglas de atracción química vital, se podrán generar dos moléculas iguales a la progenitora, y cada una estará construida con una hebra vieja y una hebra nueva. El pasado y el futuro abrazados en una única estructura molecular en forma de doble hélice. Así fue como supimos con total certeza que una vida surge de otra sin necesidad de invocar ningún fenómeno sobrenatural para explicar un proceso tan natural.

El segundo de los grandes secretos implícitos en la gigantesca y elegante estructura helicoidal del ADN fue la explicación de por qué somos distintos unos de otros. La respuesta está en el orden en que se disponen los tres mil millones de unidades químicas —representadas por las letras antes mencionadas— que conforman cada una de nuestras moléculas de ADN. Ese orden es único y exclusivo para cada uno de nosotros, y es lo que nos hace diferentes de cualquier otro ser vivo del planeta, que también tendrá su correspondiente tira de letras nucleotídicas, de solo cuatro tipos —una vocal (A) y tres consonantes (C, G y T)—, pero dispuestas en una cantidad y en un orden característicos de cada organismo particular. Esta es la clave principal de nuestra identidad individual y de la brillante y emocionante diversidad que acompaña a la vida.

El 19 de marzo de 1953, justo el día que mi padre cumplió veintiocho años y mi madre veinticinco, y un mes y seis días antes de que la revista *Nature* publicara el descubrimiento de la estructura en doble hélice del ADN, Francis Crick escribió una maravillosa carta a su hijo Michael, de doce años de edad, que por entonces estaba estudiando en un internado británico, para contarle los detalles de su hallazgo. En la carta —siete páginas manuscritas ilustradas con dibujos hechos por el propio Crick—, este describía con emoción y orgullo las claves de lo que él mismo calificaba como una hermosa estructura.

> Te puedes imaginar el ADN más o menos como una cadena muy larga de piezas planas, las cuales se llaman «bases». [...] Ahora tenemos dos de estas cadenas sinuosas enrollándose entre sí, y cada una es una hélice. La cadena compuesta de azúcar y fósforo está en la parte externa, y las bases están todas en la parte interna. [...] Pero lo interesante es que aunque haya cuatro bases diferentes, solo podemos emparejarlas de unas maneras determinadas. Las bases tienen nombres. Son adenina, guanina, timina y citosina. Nosotros las vamos a llamar A, G, T y C. Ahora nos encontramos con que los emparejamientos que podemos hacer —en los que la base de una cadena se une a la base de otra— son solo: A con T y G con C. [...] Es como un código. Si te dan un conjunto de letras podrás escribir la otra.
>
> Nosotros creemos que el ADN es un código. Es decir, el orden de las bases (las letras) hace que un gen sea diferente de otro (tal y como una página impresa es diferente de otra). Ahora podrás ver cómo la naturaleza hace copias de los genes. Porque si las dos cadenas se desenrollan en dos cadenas separadas y cada cadena hace luego que otra cadena se le junte, entonces como A siempre va con T y G con C, tendremos dos copias donde antes teníamos una sola. [...] En otras palabras, creemos haber encontrado la clave del mecanismo de copia por el cual la vida siempre proviene de la vida.

El resto ya es historia. El 10 de abril de 2013, la carta de Francis Crick a su hijo Michael fue subastada en Nueva York por 5,3 millones de dólares, el precio más alto pagado jamás por una misiva escrita por un *Homo sapiens*.

CAPÍTULO 3

Del sueño de una bacteria a la mente humana

Una vez descifrados los dos grandes principios vitales escritos en nuestro ADN, la herencia y la identidad individual, pudimos avanzar con más confianza hacia nuestro objetivo final: entender el pasado e imaginar el futuro de nuestra especie. Hoy podemos afirmar con cierta seguridad que todos los seres que habitamos el planeta Tierra, pero también los que estuvieron antes y ya desaparecieron, poseemos un origen común. Desde los dinosaurios, que no fueron agraciados con el talento o la curiosidad para prepararse frente a la adversidad y se extinguieron en poco más de lo que dura un parpadeo, al propio Isaac Newton, que bajo un manzano reflexionó en soledad sobre la naturaleza y el universo; desde los artistas universales como Vincent van Gogh a los girasoles que él mismo pintaba pero nadie compraba; todos, absolutamente todos los seres vivos venimos de una humilde bacteria que hace 3800 millones de años tuvo un sueño: crear otra bacteria igual a sí misma.

Tras aprender los principios de la división celular, las bacterias primitivas comenzaron su imparable progreso. Durante más de dos mil millones de años, nuestro planeta natal fue un lugar muy aburrido donde aparentemente nada sucedía, no había enfermedades y la muerte no existía, pero tampoco había posibilidades de progresar en el conocimiento o en la esencia de la felicidad, pues las bacterias no eran ni *sapiens* ni *sentiens*, y nada se preguntaban sobre estas profundas cuestiones. Y así fue transcurriendo el tiempo hasta que hace unos 1500 millones de años sucedió algo extraordinario: se desató una gran crisis medioambiental debido a la acumulación de un gas tóxico que comenzó a envenenar el planeta. Ese gas, que hoy llamamos oxígeno, estuvo a punto de destruir cualquier esperanza de vida futura en la Tierra, hasta que aquellas bacterias que intoxicaban su propio ambiente finalmente entendieron que para sobrevivir necesitaban cooperar con otras más pequeñas y simples, pero capaces de convertir ese gas venenoso en una molécula que almacena energía y a la cual llamamos ATP.* En medio de un paisaje de fumarolas, géiseres y ríos de lava, las bacterias grandes se asociaron con las pequeñas, y en aquel mundo tan duro, brutal y egoísta, la mejor manera de entender el concepto de asociación fue la digestión. Así, las bacterias grandes ingirieron a las pequeñas, pero no las destruyeron, sino que estas se mantuvieron intactas y protegidas en su interior, y entre ambas construyeron un nuevo código de instrucciones y señales: el lenguaje mitocondrial.[1]

Cada una de nuestras células porta centenares de mitocondrias,* esas reliquias bacterianas que tienen su propio, aunque diminuto, genoma; en lugar de los tres mil millones de piezas del genoma que habitan en el núcleo de nuestras células, el mitocondrial solo posee 16 569, ni una más ni una menos. Este lenguaje genómico mitocondrial, escrito también con las cuatro letras químicas de la vida, la vocal A y las consonantes C, G y T, es casi un susurro molecular si lo comparamos con el gigantesco lenguaje del genoma nuclear, pero tiene un inmenso valor, pues nos recuerda continuamente nuestro modesto pasado bacteriano.

Esta brillante y eficiente manera de obtener energía no solo purificó el ambiente terrestre, sino que además impulsó algunas de las estrategias que han permitido a los seres humanos llegar hoy hasta aquí. Así, células semejantes entre sí decidieron invertir parte de esos nuevos recursos en compartir su vida, unirse unas a otras, e iniciar una cooperación, de la que surgieron nuevas propiedades y nuevas oportunidades. Las células comenzaron a conversar entre sí y los lenguajes de la vida alcanzaron una mayor complejidad, por lo que para navegar por ella tuvimos que introducir conceptos y palabras como «regulación», «diferenciación» y «desarrollo». Como fruto directo de estos diálogos moleculares y celulares, surgieron tejidos y órganos muy distintos entre sí, y, al final, los corazones comenzaron a latir, los pulmones a respirar, los riñones a filtrar, los ojos a observar, la piel a sentir y el cerebro a soñar. Hoy, somos organismos pluricelulares, distintos de las bacterias, con muchas más capacidades y con distintos talentos, entre ellos el de seguir interpretando o inventando lenguajes moleculares, celulares y culturales.

La vida todavía tuvo que dar algún paso más para consolidarse y no llegó a adquirir su plenitud total hasta que se inventó la muerte. «Qué fácil es morirse, se muere con demasiada facilidad», decía con gran disgusto Elias Canetti, y estaba en lo cierto, al menos en lo que se refiere a la pérdida de la vida en el minimalista mundo celular.[2] Ahora mismo, en el breve espacio de tiempo que me puede llevar escribir este párrafo, han muerto en mi cuerpo varios miles de células y otras tantas en cada uno de los que estén leyendo en estos momentos estas pocas palabras. Todos los días de nuestra vida sacrificamos millones de células por el bien común de nuestro organismo. Con este fin, ponemos en funcionamiento los diversos lenguajes de la muerte celular, especialmente el que llamamos «apoptosis»,* un vocablo griego que debería estar guardado en la caja de palabras especiales de Magda Lemonnier.[3] «Apoptosis» significa caída, en el sentido de algo que se desprende del lugar que lo acoge, como los pétalos de las flores o las hojas de los árboles, y fue un término rescatado para la ciencia por James Cormack, profesor de griego de la Universidad de Aberdeen (Escocia), en su afán por describir de manera intuitiva y rigurosa la forma más frecuente de muerte celular programada. La apoptosis es una estrategia que usa nuestro cuerpo para deshacerse de las células innecesarias o que están dañadas, evitando así la generación o propagación de numerosas enfermedades.

La invención de la muerte celular tuvo un extraordinario éxito evolutivo, y, si no se produjera de manera precisa y a su debido tiempo, no podríamos subsistir. Por ejemplo, mi médula ósea, ese santuario biológico ocupado por las células encargadas de producir la sangre y que apenas pesa dos kilos, hoy pesaría más de dos toneladas si durante toda mi vida la apoptosis no hubiera trabajado disciplinadamente para eliminar las células que ya no son necesarias. De forma parecida, si no hubiera actuado la apoptosis, mis diez metros de tubo digestivo se extenderían hoy hasta medir más de dieciséis kilómetros, cosa que haría imposible su acomodo en el interior de mi cuerpo. Tanto éxito tuvo la muerte que las células inventaron muchas otras formas de morir de manera ordenada, a las cuales se han puesto nombres tan diversos como anoikis, necroptosis, ferroptosis, piroptosis, netosis, entosis o autofagia, una suerte de canibalismo celular necesario para la supervivencia. En suma, surgieron muchas maneras de morir para que pudieran existir muchas maneras de vivir.[4]

Y siguió pasando el tiempo, y los genomas fueron mutando, y los organismos continuaron evolucionando para adaptarse a las condiciones cambiantes de su entorno, y la selección natural hizo que algunos progresaran y otros desaparecieran. Sin embargo, todavía tuvo que suceder algo más extraordinario para que de todo este larguísimo proceso evolutivo surgiera una especie capaz de inventar la poesía y el alma. Hoy nadie podría vivir y nada podría entenderse sin la ayuda del último gran invento de nuestra especie, la evolución cultural impulsada vertiginosamente por unos lenguajes distintos de los moleculares: los lenguajes culturales y tecnológicos. Así, más allá de la evolución biológica darwiniana, que es lenta y de transmisión vertical por cuanto pasa únicamente de padres a hijos, hay una evolución cultural, rápida y horizontal, que permite propagar el conocimiento de manera inmediata y multiplicar nuestras opciones de pensamiento respecto a cómo lograr la felicidad.

Para lograr esta hazaña cultural tuvimos que apoyarnos en la evolución biológica, que, por azar o por necesidad, nos regaló unas certeras mutaciones en unos pocos genes que a su vez nos hicieron heredar una nueva seudoenfermedad: el síndrome de humanidad. Pese a lo que algunos creen o desean, no hay un gen mágico que nos haga humanos, pero sí hay genes que poseen variantes únicamente presentes en los humanos y que nos ayudaron a ser admitidos en el club de la humanidad, como es el caso del gen llamado *FOXP2*. Las dos mutaciones características de este gen en los humanos contribuyen tanto a un desarrollo neurológico especial como a la generación de unas peculiaridades anatómicas en la orofaringe que nos facilitan la emisión de un lenguaje articulado. No en vano, el gen *FOXP2* ha sido definido como el gen del lenguaje, aunque es sin duda una exageración, pues un solo gen no puede ser responsable del gran salto evolutivo que representó la adquisición de un proceso tan complejo en la comunicación humana como es el del habla. De hecho, estudios evolutivos muy recientes han cuestionado algunas de las conclusiones iniciales respecto al valor de *FOXP2* en la evolución del lenguaje.[5] En cualquier caso, esas dos mutaciones del gen *FOXP2*, que curiosamente ya estaban presentes en los neandertales, junto con algunos cambios adicionales que afectaron a la manera de regular la información genética o que expandieron el volumen de nuestro cerebro tres veces por encima del de nuestros parientes más próximos, condujeron finalmente a un maravilloso acontecimiento: la transición del cerebro animal a la mente humana.

De pronto, los sonidos que acompañan a la escritura de este texto cambian radicalmente. Las músicas especulares, infinitas, esféricas y acuáticas dejan paso a *Tajabone* de Ismael Lo, una canción africana escrita en wolof, una de las más de seis mil lenguas que usamos los humanos para comunicarnos entre nosotros.

Tajabone fue creada para celebrar la fiesta de la alegría y de la vida, y mientras la escucho vuelvo atrás en el tiempo, hasta hace unos doscientos mil años, cuando, según Eduardo Galeano, unos cuantos aventureros africanos, «cuyos únicos pasaportes eran sus piernas caminantes», iniciaron un largo viaje. No parece arriesgado suponer que, durante su larga y valiente caminata, aquellos primitivos humanos observaron con sorpresa, respeto y admiración el paisaje cambiante que iban encontrando. De su observación surgió la percepción de ciertos acontecimientos que alumbraron en ellos el ambicioso deseo de entender su entorno y su propia vida. Así, comprobaron que después del día comparecía siempre la noche; disfrutaron, sufrieron y se adaptaron al ciclo cambiante de las estaciones; aprendieron a convivir con el dolor y el miedo; y comprendieron que tras la vida llegaba inexorablemente una forma definitiva de silencio que era la muerte.

Finalmente, y a su debido tiempo, llegó el momento en que nuestros parientes caminantes empezaron a preguntarse el porqué de todo aquello. Y mientras meditaban sobre esta pregunta, una de las tantas que tienen difícil respuesta, los descendientes de aquellos hombres primitivos que al saberse mortales habían perdido el don de la inmortalidad acumularon conocimientos, conquistaron el fuego que los iluminaba y cobijaba, inventaron lenguajes para comunicarse y protegerse, «dejaron de señalar el mundo con el dedo» tras poner nombre a las cosas de su alrededor,[6] construyeron herramientas útiles y mortíferas, y hasta inauguraron el arte al representar su propia imagen y la de los animales que cazaban en las paredes de las cuevas que habitaban. De hecho, recuerdo mi visita a algunas de las cuevas rupestres de la cornisa cantábrica, incluidas las de Altamira, como uno de los momentos de máxima conmoción estética de mi vida. Entendí entonces que Pablo Picasso dijera que, en el arte, después de Altamira todo es decadencia.

Pese a la aparente fragilidad de estos pioneros y a la enorme dureza de su empresa colonizadora, con ingenio y voluntad sobrevivieron a la gran caminata planetaria y lograron extenderse por toda la Tierra, completando así una narración biológica que comenzó a escribirse hace miles de millones de años. Ahora que el desequilibrio económico y la injusticia social hacen que miles de africanos se vean forzados a emigrar masivamente, conviene no olvidar de dónde provienen nuestros ancestros y asumir con convicción que, por debajo de la piel, todos somos africanos.

Hace 13 800 millones de años se formó el universo y 9000 millones de años más tarde se creó la Tierra, el planeta azul donde hace 3800 millones de años nació una esperanza de vida unicelular. Solo 2500 millones de años después aparecieron los primeros organismos pluricelulares en nuestro planeta; las células inventaron la muerte y comenzaron a dialogar entre sí, y de esta conversación surgió una explosión de vida. Nadie mejor que un científico tan atípico como Gabriel García Márquez[7] para recordarnos que todavía «debieron transcurrir 380 millones de años para que una mariposa aprendiera a volar, otros 180 millones de años para fabricar una rosa sin otro compromiso que el de ser hermosa, y cuatro eras geológicas para que los seres humanos fueran capaces de cantar mejor que los pájaros y morirse de amor».

El escenario estaba así dispuesto para que, en diferentes regiones de nuestro planeta, pueblos que ya tenían rasgos distintos, intereses dispares y culturas diversas pudieran disfrutar del bienestar y la felicidad que deberían derivar de su dominio del planeta. El rotundo éxito evolutivo de nuestra especie parecía una invitación a gozar con plenitud de ese Jardín de las Delicias que idílicamente sería la Tierra y en el que no debería haber espacio para la insatisfacción o la melancolía. Para sustentar esta conclusión, escucho tranquilamente *Qualsevol nit pot sortir el sol,* una bellísima canción de Jaume Sisa que me acompaña desde hace más de cuarenta años, como si fuera un constante recordatorio de las cosas simples que contribuyen a hacer humo de las tristezas y a crear una atmósfera de alegría sencilla y cotidiana.

Sin embargo, algo debe de fallar en esta optimista narrativa para que la percepción de nuestra vida y la de los demás no parezca estar a la altura de esa cumbre de felicidad que nuestra evolución biológica y cultural parecía augurar. Tratando de hallar inspiración para entender y explicar esta cuestión, me refugio de nuevo en la música y escucho el *Concierto para violonchelo en si menor* de Antonín Dvořák, interpretado de manera conmovedora por Jacqueline du Pré poco antes de manifestar los primeros síntomas de la desgarradora enfermedad que le costó la vida. De pronto, me atrevo a pensar que, pese a que algunas afortunadas excepciones como la de Sammy Basso me lo desmientan, la mayor amenaza para la felicidad debe de estar en la propia existencia de la enfermedad.

CAPÍTULO 4

Las imperfecciones de la vida

Siempre imaginé que la felicidad no es otra cosa que ausencia de dolor, ya sea físico o emocional. Sin embargo, una vez leí que, según Susan Sontag, todos venimos al mundo con una doble nacionalidad: la que nos otorga el Reino de la Salud y la ofrecida por el Reino de la Enfermedad. Si esto fuera cierto, la enfermedad debería ser una constante en nuestra vida, y solo con mirar a nuestro alrededor podríamos saber si el estar enfermos es, efectivamente, algo muy común en nuestra especie. La respuesta es obvia y los números la avalan. La Organización Mundial de la Salud reconoce que existen muchos miles de enfermedades distintas, por lo que es virtualmente imposible que alguna de ellas no nos alcance en nuestro paseo por la vida.

He dedicado más de treinta años al estudio profundo y comprometido de las claves de las enfermedades humanas, tanto de una manera global como en sus formas particulares. Durante este largo tiempo, han acudido a nuestro laboratorio muchos pacientes y muchas familias en busca de salud o, al menos, de conocimiento. Nuestro primer objetivo fue la investigación molecular del cáncer, la cual nos ha conducido al descubrimiento de muchos genes nuevos cuyas alteraciones convierten a las células en entidades egoístas, inmortales y viajeras, capaces de destruir la complejidad y armonía de nuestro organismo. Después, la responsabilidad personal y la curiosidad científica nos llevó a implicarnos en el estudio de cualquier enfermedad humana cuyas claves pudieran estar escritas en el código de las cuatro letras de la vida: A, C, G y T.

Por nuestra atípica consulta de genómica social han pasado enfermos de todo tipo y condición, desde pacientes con cáncer hasta los que sufrían alguna de esas patologías tan minoritarias que apenas afectan a dos o tres personas en el mundo. Entre estas enfermedades raras entre las raras, siempre quedará en mi recuerdo nuestro descubrimiento del síndrome de Néstor-Guillermo y el del síndrome de Bella-Enric-Loewie (también llamados síndromes NGPS y ANPS, respectivamente), dos nuevas patologías humanas que quisimos definir con los nombres de los pacientes que entonces las sufrían.[1] Escribo sus nombres y acuden a mi memoria los emocionantes momentos que viví con Néstor y con Enric, cuyos genes ya han quedado definitivamente en silencio.

Ambos tenían el cuerpo muy frágil, pero su férrea voluntad los hizo protagonizar a diario insólitas hazañas. Todavía oigo con nitidez el eco de la inconfundible voz de Néstor contándome que cuando en su isla natal soplaban los vientos alisios, necesitaba los brazos de sus hermanos para que lo anclaran a la Tierra y así evitar que saliera volando por los aires como si fuera un avión de papel. El pequeño Enric siempre reía, no recuerdo haberlo visto nunca sin la risa dibujada en la cara. La prodigiosa cadena de mensajes bioquímicos que convierten la activación de unos genes en una sonrisa o en una carcajada estaba completamente intacta en Enric. Su enfermedad le robó primero la vista y después el futuro, pero con la risa no pudo. Escucho *Hero,* una canción indispensable del grupo Family of the Year, y me doy cuenta de que, aunque ninguno de estos pacientes quiso ser un héroe, quienquiera que los conociese tuvo la tentación de clasificarlos en esa categoría de seres humanos inigualables.

La música de *Hero* me araña el alma y me recuerda que la adversidad que golpeó a estos pacientes y a sus familias me ha permitido aprender inolvidables lecciones de humanidad. Sumergido en un mar de carpetas multicolores portadoras de datos clínicos y moleculares, y sin moverme de un descolorido sillón que una vez fue rojo, repaso las historias de vida contenidas en cada una de ellas. En este mismo sitio he conocido a algunos jóvenes que acudían a nosotros porque habían alcanzado una edad que, según sus propias palabras, era el tiempo en el que a su familia los visitaba la muerte; he visto de cerca niños girasol que buscaban obsesivamente en su entorno luces o geometrías para estimular sus sentidos; he percibido en mí mismo el dolor insoportable de un brillante adolescente al que una extraña forma de migraña le provoca desmayos continuos solo por abrir los ojos o apoyar los pies en el suelo; he conocido a niños con huesos de cristal y a otros con piel de cristal, a niños que no crecían y a otros que crecían demasiado; he escuchado palabras de súplica de enfermos incurables que pedían tiempo para ver crecer a sus hijos. En suma, sin necesidad de viajar más allá de Orión, he visto cosas que no creeríais, pues la naturaleza pone incansablemente a prueba la resiliencia humana. Con paciencia y confianza, y combinando las tecnologías más avanzadas con el uso del lápiz y el papel, hemos descifrado los genomas de todos estos pacientes, y en algunos casos —demasiado pocos todavía— hemos encontrado las causas del problema y hasta hemos podido aportar soluciones concretas para su tratamiento.

Y sí, claro que he tenido también oportunidad de conocer de cerca las muchas enfermedades que surgen de las tristezas del alma o de las melancolías mal resueltas, especialmente las causadas por la temible nostalgia del futuro, que siempre son las más complejas de afrontar. Todas ellas suponen una cuota de sufrimiento difícil de cuantificar. No deja de asombrarme que seamos capaces de medir magnitudes tan extraordinarias como el tiempo de Planck ($5{,}39 \times 10^{-44}$ segundos), el intervalo temporal más pequeño que puede ser medido, o que podamos determinar la masa del agujero negro más pequeño del universo (21 microgramos), o que incluso lleguemos a pesar la luz, pero sigamos siendo incapaces de medir el dolor humano. Como dice Manuel Vilas en *Ordesa*: «Ojalá pudiera medirse el dolor humano con números claros y no con palabras inciertas. Ojalá hubiera una forma de saber cuánto hemos sufrido, y que el dolor tuviera materia y medición. Todo hombre acaba un día u otro enfrentándose a la ingravidez de su paso por el mundo. Hay seres humanos que pueden soportarlo, yo nunca lo soportaré».

Nuestro trabajo me ha abierto una ventana muy amplia a la observación del dolor humano, pero al mismo tiempo me ha ayudado a reflexionar acerca del origen de las muchas formas de comprometer ese estado de felicidad al que nuestra evolución parecía dirigirnos. La enfermedad humana tiene sus raíces en los riesgos que debimos asumir cuando, hace ya más de mil millones de años, se produjo la gran transición desde unos seres unicelulares cuyo único sueño era dividirse para crear otros iguales, hasta los organismos pluricelulares que somos nosotros mismos. Si nos hubiéramos quedado atrapados en ese mundo primitivo, unicelular, clónico e inmortal, seguiríamos siendo microbios, una gigantesca colección de billones o trillones de aburridos microbios repartidos por todo el mundo, sin nostalgias ni melancolías, pero también sin poesía y sin felicidad.

Para entender los riesgos asumidos durante esos miles de millones de años de evolución biológica, basta mirar al interior de una célula, un espectáculo insuperable que no deja de fascinarme. Mientras escucho de nuevo *The oh of pleasure*, me pongo a analizar cuidadosamente las moléculas de ese mundo minúsculo y constato una dura realidad. Nuestras células cometen algunos errores cuando se enfrentan a la gigantesca tarea de copiar en unas pocas horas los tres mil millones de piezas de nuestro mecano genómico cada vez que alguna de ellas quiere dividirse. En uno de sus últimos partidos, el tenista Rafael Nadal, uno de mis referentes imprescindibles, cometió once errores no forzados en dos horas y veintisiete minutos de juego, una cifra tan reducida que le condujo una vez más a la victoria.[2] En nuestro interior tenemos billones de células, y cada una juega su propio partido y comete sus propios fallos en el proceso de copia del material genético. Los errores son mínimos, probablemente de menor cuantía que los cometidos por Rafa en el mejor de sus partidos; pero tenemos tantas células y un material genético tan grande que lo natural es equivocarse alguna vez. Algunos errores nos sirvieron para mejorar funcionalmente y para que nuestros predecesores se adaptaran mejor al ambiente, pero otros pueden tener consecuencias fatales y abocarnos al desarrollo de alguna enfermedad.

En estrecha relación con los errores cometidos al copiar el material genético, están los fallos en la reparación de los daños que sufre nuestro genoma al exponernos a un ambiente que es potencialmente agresivo para nuestra integridad molecular. Asusta saber que, en un solo día, cada una de nuestras células sufre más de setenta mil mutaciones causadas por la radiación ultravioleta, por diversos agentes químicos o biológicos, o, simplemente, por la pura inestabilidad natural del material genético. Solo por el hecho de vivir sufrimos ya mutaciones. Afortunadamente, la mayoría de estas mutaciones son eliminadas por un equipo de eficientes vigilantes compuesto por centenares de proteínas que se ocupan de revisar continuamente la integridad del genoma y eliminar los fallos detectados. Pero si las fuentes del daño genómico son de una intensidad o frecuencia excesivas, los sistemas de reparación se saturan y resultan insuficientes para asegurar la corrección de los defectos. A partir de entonces, cada vez que esa molécula de ADN se divida transmitirá los errores a sus moléculas hijas y estos errores se perpetuarán por replicación. Como comentamos anteriormente, algunas mutaciones pueden impulsar la evolución, pero muchas otras son neutras o incluso pueden ser perjudiciales y provocar la extinción de una especie. En suma, la falta de fidelidad en la replicación del genoma y la insuficiencia de sus mecanismos de reparación son defectos que nos han ayudado a llegar hasta aquí, pero que al mismo tiempo nos sitúan en la senda de la imperfección.

El tercero de los grandes riesgos inherentes a nuestra evolución viene de los problemas asociados al proceso de «ayuste»,* traducción del término inglés «*splicing*», que significa maduración por corte y unión. En castellano, «ayuste» es una palabra usada por los marineros para referirse al empalme de dos cabos por sus extremos con el fin de formar una soga. En biología, el ayuste representa una de las mayores sorpresas proporcionadas por la investigación genómica al demostrar que la información que portan los genes de los organismos pluricelulares como nosotros no es continua, sino que está interrumpida. Así, las regiones codificantes o exones están separadas por largas regiones no informativas conocidas como intrones. Tras el proceso de transcripción de los genes para dar lugar a unas moléculas llamadas ácidos ribonucleicos mensajeros (ARNm),* que actúan como intermediarios en la producción de proteínas, tenemos que eliminar los intrones mediante un proceso de corte muy específico en las regiones que sirven de frontera con los exones. Después, debemos juntar y pegar los exones en una sola molécula continua que pueda ser traducida a proteínas. Este proceso, que se realiza millones y millones de veces por segundo tras la transcripción de los distintos genes del genoma, representó una ventaja evolutiva, pues generó nuevas formas de aumentar la plasticidad de la información. Así, podemos mezclar exones como quien mezcla las cartas de una baraja o las piezas de los juegos de construcción Lego e inventar nuevas proteínas o conseguir variantes a partir de otras ya disponibles.

El récord mundial de ayuste alternativo lo ostenta la mosca del vinagre, uno de cuyos genes —el llamado *Dscam*— tiene el potencial de producir un total de 38 016 variantes diferentes, implicadas en la conectividad neuronal.[3] Esta estrategia genera una gran diversidad molecular y funcional, y me recuerda a lo que sucede con las variaciones sobre un mismo tema creadas por los grandes músicos de la historia. Entre ellas, escogería las maravillosas *Variaciones Diabelli,* un conjunto de treinta y tres variaciones para piano compuestas por Ludwig van Beethoven sobre un vals de Anton Diabelli. Esta obra ha sido calificada como el trabajo más aventurado de Beethoven en términos de armonía, lo cual acentúa todavía más su paralelismo con la aventura de generar diversidad biológica mediante el ayuste alternativo.

Todas las etapas del ayuste deben tener una precisión exquisita; no se pueden cometer errores y cortar los intrones una letra antes o una después de lo necesario. Siempre digo que no tengo ningún miedo a la muerte, la acepto como un hecho natural si ocurre a su debido tiempo. Sin embargo, mis alumnos saben bien que el proceso de *splicing* me causa pánico, verdadero pavor, pues soy consciente de los riesgos que corremos al fiar cada instante de nuestra vida cotidiana a un proceso tan preciso. No en vano, los errores en el ayuste suelen ser la causa de muchas de nuestras enfermedades, con lo cual se demuestra una vez más que las ventajas evolutivas asociadas a la pluricelularidad han tenido siempre un alto coste para nosotros, ya que hemos tenido que asumir grandes riesgos para sobrevivir en medio de tanta complejidad.

Otro notable riesgo evolutivo que acompañó al desarrollo de los organismos pluricelulares es el derivado de los problemas de comunicación. Por nuestro océano interno circulan una multitud de señales armónicas que están exquisitamente coordinadas y orquestadas entre sí, construyendo mensajes y estableciendo conversaciones moleculares que sostienen cada instante de nuestra vida. Sin embargo, nuestra absoluta dependencia de este multiverso plagado de señales y mensajes nos pone en una situación muy delicada. En ocasiones, estas señales fallan, o no se reciben adecuadamente, o su intensidad es mayor o menor de la debida, o su sintonía es imprecisa y solo percibimos ruido. Al final, tarde o temprano, en algún lugar de nuestra anatomía la comunicación celular se corta o se torna confusa y algunas enfermedades encuentran la vía para salir a la luz.

Un importante riesgo adicional que tuvimos que asumir en nuestra aventura evolutiva es la pérdida de la solidaridad en nuestra sociedad celular. Las sociedades humanas actuales, tan complejas y diversas, necesitan un mínimo de equilibrio entre el necesario altruismo y el natural egoísmo de sus componentes para poder sostenerse. La ruptura de este equilibrio puede provocar satisfacciones personales en algunos individuos, pero representa un grave contratiempo para la búsqueda de la felicidad colectiva. Las sociedades celulares son mucho más estrictas en lo que respecta a sus fundamentos y en su seno no se admite el individualismo. En ese pequeño universo celular no se cuestiona el concepto de «*Better together*» («Mejor juntos») de Jack Johnson, cuya melodía nos acompaña siempre en nuestro interior como música de fondo, como si fuese una sintonía vital imprescindible. Todos nuestros billones de células deben supeditarse al bien común, porque nos va la vida en ello. Sin embargo, debemos recordar que la imperfección biológica existe, que nuestras células cometen errores y que algunas mutaciones de nuestro genoma pueden llegar a transformar las células mutadas en entidades renegadas que se olvidan de su altruismo. Hoy conocemos bien algunas de las manifestaciones de este egoísmo celular. Así, en el cáncer hay células que simplemente crecen sin parar desoyendo todas las señales de moderación; otras se olvidan de morir a su debido tiempo, aspiran a ser inmortales y se rebelan contra el propio organismo, sin entender que van a acabar causando su muerte. Y cuando ese organismo muera, también morirán todas sus células, incluyendo las que durante algún tiempo creyeron haber descubierto el elixir de la inmortalidad, esa condena que tanto hizo sufrir a Marco Flaminio Rufo.

Finalmente, en nuestro catálogo de antídotos históricos contra la felicidad plena, tenemos unas pocas células llamadas células *stem*, madre, troncales o progenitoras que son capaces de lo mejor y de lo peor. Por un lado, estas células troncales son esenciales para el desarrollo embrionario y mantienen en forma a nuestro organismo al ser las responsables de la renovación de los tejidos;

pero a la vez son una fuente continua de peligros y riesgos para la longevidad del organismo, pues su vulnerabilidad las convierte en semillas de la enfermedad humana. Por ejemplo, las células *stem* son las unidades morfológicas y funcionales en las que frecuentemente se origina el cáncer.[4] Dejamos así tareas tan fundamentales como las de la renovación tisular en manos de unas pocas células, muy distinguidas, pero a la vez muy vulnerables, lo cual puede representar un riesgo vital exagerado. Curiosamente, esta situación no es exclusiva de las sociedades celulares sino que también se observa en las sociedades humanas, donde en ocasiones parece que hay más sensatez en la gente corriente que en los distinguidos dirigentes que nos gobiernan. Llego a esta conclusión mientras escucho *Gent normal* del grupo catalán Manel, una canción que siempre me dibuja una sonrisa en la cara y que, una vez más, me ayuda a entender que nuestra fragilidad biológica no está reñida con la posibilidad de disfrutar de los placeres normales de la vida.

Por tanto, si la vida es el resultado de la labor armónica de millones y millones de moléculas trabajando en conjunto por el bien de un organismo, la enfermedad no es más que la pérdida de esa armonía molecular. Primero perdemos la armonía del material genético y de las proteínas que se construyen a partir de las instrucciones contenidas en los genes. Después perdemos la armonía de las células y, más tarde, la de los tejidos formados por estas células y la de los órganos construidos por estos tejidos, hasta que, finalmente, perdemos la vida.

Y, antes de seguir adelante, hemos de hacer una breve recapitulación: los humanos somos seres vulnerables e imperfectos, tema central de este libro, que sin embargo contrasta con la gran cantidad de información que niega nuestra imperfección y que pretende imponernos la idea de que estamos en proceso de alcanzar la invulnerabilidad y, con ella, una obligada felicidad.

CAPÍTULO 5

Los lenguajes de la vida

La vida, aun siendo lo mejor que tenemos, es imperfecta y nos ofrece enfermedades que adelgazan nuestro futuro y nuestra felicidad. Pese a este hecho incuestionable, no dejo de leer aquí y allá que en un futuro próximo se erradicarán todas las enfermedades y que volveremos a ocupar el Jardín de las Delicias de una Arcadia feliz. Esta afirmación, que a menudo surge porque se confunde la erradicación de las enfermedades con su tratamiento o su cura, es en términos generales incierta, y mientras sigamos siendo exclusivamente humanos nunca podrá ser verdadera. Se puede erradicar una infección que viene de fuera si somos capaces de controlar al agente que la transmite; pero hacer lo mismo con una enfermedad que forma parte de nuestro legado evolutivo siempre será mucho más difícil o, sencillamente, algo inviable. De todas formas, no conviene dejar que la desesperanza anide en nuestro corazón, porque lo que sí podemos hacer es entender las enfermedades, eliminar algunas con el debido asesoramiento genético, curar muchas otras mediante tratamientos apropiados, cronificar aquellas que son todavía incurables e, incluso, anticiparnos a su desarrollo leyendo los marcadores biológicos precisos que se hallan inscritos en los lenguajes de la vida. Sin exagerar, sin crear falsas expectativas y sin prometer lo que no se puede cumplir, estamos en condiciones de asegurar que el futuro tratamiento de las enfermedades será mejor que el actual, lo cual abrirá nuevos caminos hacia la felicidad.

De acuerdo con lo descrito en el capítulo anterior, la gran mayoría de las enfermedades surgen por disfunciones moleculares y celulares, de manera que si entendemos la lógica científica que subyace a estos defectos podremos encontrar los puntos más débiles de cada patología. Antes de emprender este viaje al centro de la enfermedad, debemos hacer unos cálculos para calibrar el alcance de esta extraordinaria aventura y medir nuestras fuerzas a la hora de afrontarla. Nuestro cuerpo está constituido por más de cincuenta billones de células, de las que casi cien mil millones son neuronas encargadas de esculpir nuestro cerebro, la máquina más grandiosa de pensamiento que existe en el universo. Curiosamente, esta gigantesca cantidad de neuronas es similar a la de estrellas presentes en la Vía Láctea, lo cual nos debe dar mucha confianza intelectual porque nos hace ser conscientes de que dentro de nuestra cabeza cabe una galaxia entera. Además, y tal como hemos comentado en el primer capítulo, el genoma de cada una de nuestras células posee tres mil millones de letras químicas, hecho que avala una idea defendida por Gerardo Diego, otro científico atípico que desde la poesía reconoció que «la vida es un largo verso interminable».[1] Ciertamente, la complejidad de los números de la vida es abrumadora, pero lo asombroso es que todo funcione, que no tengamos que pensar cada mañana frente al espejo si tenemos que activar una reacción bioquímica u otra, ir por una ruta de señalización o por otra; lo verdaderamente increíble es que no estemos enfermos y que podamos sobrevivir más allá de unas pocas horas hasta llegar en muchos casos a los ochenta años. Indiscutiblemente, lo milagroso es vivir.

La clave para comprender este milagro se halla en los distintos lenguajes biológicos que nos ayudan a escribir cada uno de los instantes de nuestra vida. El primero de estos lenguajes es el lenguaje genómico, que se basa en un simple alfabeto de cuatro letras químicas y que, como ya hemos hablado, es el depositario de las claves de la herencia y de la identidad individual. El genoma almacena y procesa información, es el verdadero coordinador de todos nuestros pensamientos, emociones y sentimientos, porque dirige el comportamiento de los organismos vivos a partir de la información que surge del orden en el que se disponen sus millones de piezas. Además, el genoma y la información codificada en los genes interaccionan con el ambiente, pueden leer e interpretar lo que acontece en el mundo exterior y en el interior, y luego trasladan los datos a nuestro organismo. El objetivo fundamental de este diálogo es hacer frente a los retos de cada instante y responder de manera rápida y eficiente a las variaciones que puedan producirse. Nuestro propósito final no es otro que mantener el equilibrio interno, la homeostasis, y poder de esta forma hacer realidad ese sabio consejo popular que en tiempos de incertidumbre nos dice: «Virgencita, virgencita, que me quede como estoy».

Alrededor del genoma, se crearon y organizaron los demás lenguajes de la vida, entre los cuales se encuentran el varioma, que nos habla de la diversidad entre individuos de una misma especie; el epigenoma, con el que se escribe la gramática química de la vida que determina la información génica que se expresa en cada instante y en cada lugar; y el metagenoma, que representa la suma de todos los genomas que conviven en un determinado organismo. Hay además unos códigos, al frente de los cuales está el propio código genético,* que ayudan a las células a traducir e interpretar estos lenguajes de la vida, para que no suceda como en *Lost in translation* de Sofia Coppola y nuestro cuerpo acabe convertido en una ruidosa Torre de Babel.

El desciframiento del código genético es uno de los momentos estelares de la historia de la ciencia, y a mí desde luego me hubiera gustado vivirlo en directo. Tras el descubrimiento de la estructura en doble hélice del ADN, pronto quedó de manifiesto que la información genética contenida en esta macromolécula era la que se utilizaba para producir las proteínas responsables de ejercer las diversas funciones biológicas. Necesitamos proteínas como el colágeno para modelar nuestro cuerpo, pero otras desempeñan funciones más sutiles como transportar el oxígeno, defendernos de los agentes infecciosos o ayudarnos a percibir el mundo: proteínas para ver, para oír y para sentir, proteínas para vivir y proteínas para morir. Sin embargo, una vez más resulta sorprendente que se abordara con tanto retraso el estudio de la traducción del lenguaje de los cuatro nucleótidos que conforman nuestro material genético al lenguaje de los veinte aminoácidos* que construyen las proteínas. En una época de guerra fría en la que los gobiernos de los países más avanzados ponían a su servicio «mentes maravillosas» como la del matemático John Nash para descifrar códigos militares, parece increíble que el código genético todavía permaneciera oculto a los ojos de la ciencia. Se unía así al enigmático manuscrito Voynich, escrito hace más de quinientos años por un autor anónimo con un alfabeto no identificado y en un idioma incomprensible.[2]

Finalmente, tras una serie de brillantes experimentos realizados en los laboratorios de científicos con mentes también maravillosas como las de Marshall Nirenberg, Gobind Khorana y Severo Ochoa, se pudo establecer que la combinación de las cuatro letras del genoma, tomadas de tres en tres, permitía codificar los veinte aminoácidos que forman las proteínas y las señales que determinan dónde debe comenzar y dónde debe terminar la síntesis de estas macromoléculas. Así, CCT, por ejemplo, es un código para el aminoácido prolina, y TAA, una señal que indica que la proteína codificada por ese gen debe terminar en esa posición. Debemos recordar que, en este proceso, los genes construidos de ADN utilizan unos intermediarios llamados «ARN mensajeros» en los que la letra T (timina) se sustituye por la U (uracilo), y por eso en el ejemplo anterior los tripletes que finalmente se leen en los ribosomas para producir las proteínas serían CCU y UAA. De esta manera, la ciencia desveló los enigmas del código genético y dejó solo al manuscrito Voynich en el grupo de textos que todavía siguen siendo impenetrables para los criptógrafos e incluso para Google Translator.

Una vez desentrañados los fundamentos del código que convierte los genomas en proteínas, se estudiaron sus propiedades y se comprobó inmediatamente que era un código «degenerado», lo cual significa que en este contexto varios tripletes pueden codificar un mismo aminoácido, algo que será fundamental en nuestra discusión sobre la búsqueda de la felicidad. En efecto, nunca una palabra tan negativa pudo tener un significado tan positivo, pues la degeneración del código genético reduce el efecto perjudicial de las mutaciones. Así, el hecho de que haya seis tripletes distintos para aminoácidos como la serina (TCT, TCC, AGT, AGC, AGA y AGG) determina que muchas de las mutaciones génicas que puedan afectar a un triplete concreto de dicho aminoácido no provoquen el cambio a otro distinto, y, por lo tanto, la proteína correspondiente no se verá afectada y podrá seguir desarrollando la misma función. Sin embargo, aunque exista esta degeneración tan positiva, el código genético no es ambiguo. Afortunadamente, un triplete especifica siempre un aminoácido concreto, y no unas veces uno y otras veces otro. Los tripletes del genoma son por lo tanto muy coherentes y no cambian de comportamiento dependiendo de las circunstancias que acontecen en nuestro mundo celular. Por último, este código es universal y, salvo alguna rara excepción descubierta recientemente, es idéntico en todas las criaturas del planeta Tierra, desde las bacterias hasta los seres humanos, desde los guisantes hasta los elefantes. Aun así, no podemos dejar de reseñar que el talento humano ha comenzado a retar la estabilidad del código genético, y algunos estudios de los últimos tiempos han conseguido crear organismos con un código expandido basado en un alfabeto de seis letras químicas en lugar de las cuatro actuales. El potencial que abre este nuevo código genético expandido para la creación de nuevas formas de vida y de nuevas funciones biológicas es absolutamente fascinante.[3]

La gran tarea que supone descifrar el código genético se completó hacia el año 1965 y constituyó un hito en la historia del conocimiento biológico; pero todavía habrían de pasar bastantes años para que pudieran entenderse con la claridad suficiente los distintos lenguajes de la vida. Fue en 1991 cuando el progreso tecnológico permitió iniciar el desciframiento del primer gran lenguaje biológico, el lenguaje genómico; el orden en el que están colocadas sus cuatro letras —A, C, G y T— en ese largo verso que ya no parecía tan interminable, pues por fin parecía legible e interpretable. Casi trece años y tres mil millones de dólares después, un pequeño grupo de *Homo sapiens* puso a disposición de todos sus congéneres una secuencia completa y fiable del genoma humano. Siempre me sentiré muy orgulloso de la contribución de nuestro laboratorio a esta tarea, pues desde una pequeña universidad de provincias, perteneciente además a un país poco aficionado a la ciencia, pudimos intervenir de manera comprometida y activa en la lectura y anotación de esta primera versión del genoma humano. Este grandioso Libro de la Vida tenía efectivamente tres mil millones de piezas, pero escondía una gran sorpresa, pues solamente portaba información para construir algo menos de veinticinco mil genes, que no serían más que unas pequeñas islas génicas dispersas por el gran océano del genoma.

Este número de genes parecía muy reducido porque, según algunos estudios preliminares teñidos de antropocentrismo, para construir un ser humano se necesitaban alrededor de cien mil genes. Sin embargo, me gusta recordar que, con menos de veinticinco mil palabras diferentes, William Shakespeare fue capaz de penetrar de la manera más brillante y emocionante en los rincones más recónditos del alma humana. Miguel de Cervantes usó probablemente un número semejante de palabras distintas para pasar a la historia de la literatura. Curiosamente, en el siglo II d. C., Diógenes de Enoanda utilizó también unas veinticinco mil palabras para inscribir los mensajes fundamentales de la filosofía hedonista de Epicuro en un enorme muro de piedra de noventa metros de largo y tres de alto que hizo erigir en el ágora de su pequeña ciudad natal. Esta monumental obra pétrea, de tintes claramente románticos, era accesible a cualquier persona que pasara por allí, por lo que fue pionera en la divulgación del conocimiento, que en este caso estaba centrado en ayudar a sus lectores a alcanzar la felicidad de una manera sencilla y serena.[4]

En suma, los genes son como las palabras del diccionario de la vida y de la felicidad, y constituyen el vocabulario de nuestro genoma. Por tanto, combinados de la manera adecuada, estos veinticinco mil genes o palabras permiten crear todo lo que somos y todo lo que podemos llegar a ser, y gracias a ellos se puede reunir de nuevo al *Homo sapiens* y al *Homo sentiens* en un mismo organismo. Para hacerlo, solo tenemos que usar con la debida soltura el lenguaje genómico, el primer gran lenguaje de la vida. En este manual genómico aparecen —o aparecerán cuando las sepamos leer con mayor precisión— las claves moleculares generales de la identidad y de la diversidad. De esta forma tendremos acceso a los grandes secretos de cada uno de nosotros, incluso a aquellos que, como decía Fiódor Dostoievski, son tan privados que no nos contamos ni a nosotros mismos.

El conocimiento de los restantes lenguajes de la vida nos ha permitido enriquecer notablemente la visión de nuestra identidad humana, así como nuestras interacciones con el mundo que nos rodea. En primer lugar, podemos mencionar el lenguaje de la variabilidad o varioma, que hace referencia a la diversidad genómica de dos individuos pertenecientes a la misma especie. Entre dos humanos escogidos al azar puede haber más de tres millones de diferencias en sus respectivos genomas, y a estas variantes las llamamos polimorfismos* o SNP (*single nucleotide polymorphisms*). Sin embargo, pese a tener tantísimas diferencias entre nosotros, todos somos humanos; al menos, esa es la esperanza que nos queda, aunque algunos comportamientos individuales a veces parezcan desmentirlo. El significado biológico y emocional de esta enorme variabilidad es múltiple, dado que estos polimorfismos contribuyen a definir nuestro aspecto físico, nuestras capacidades personales y nuestra susceptibilidad a las enfermedades.[5]

Respecto a los polimorfismos con influencia directa en el fenotipo o aspecto externo, hay variantes en algunos genes como, por ejemplo, los genes *MC1R*, *OCA2*, *SLC24A5*, *EYCL1* y *KITLG*, que determinan el color del pelo, de los ojos o de la piel. Nuestra especie es maravillosamente diversa y policromática; colores y texturas nos distinguen en nuestro aspecto exterior y conforman el vibrante panorama actual de la diversidad humana; pero en términos cuantitativos estos cambios son irrelevantes en comparación con los millones de cambios que nos diferencian por dentro. Por eso, resulta paradójico que se haya generado tanto dolor y se hayan perdido y se sigan perdiendo tantas vidas con la terrible excusa del racismo, un concepto construido sobre la base de unas diferencias moleculares prácticamente insignificantes desde el punto de vista funcional.

Asimismo, se ha progresado considerablemente en la identificación de los talentos escritos en el genoma. En el ámbito físico, algunas de las variantes presentes en el gen *ACE* nos ayudan a subir el Everest porque favorecen la resistencia a la hipoxia, y muchos de los grandes escaladores himalayistas poseen estos polimorfismos tan favorables. Otras variantes del gen *ACTN3* determinan que podamos ser mejores corredores de fondo o mejores velocistas. El talento musical también está parcialmente anticipado en el varioma, dado que algunas variantes inscritas en genes como el *ADCY8* contribuyen a determinar que se posea el llamado oído absoluto, esto es, la capacidad de identificar una nota musical sin la ayuda de ninguna nota de referencia. Posiblemente, muchos genios de la música clásica poseían estas variantes génicas, aunque no lo supieron nunca porque todavía tendrían que pasar muchos años para que se descifrara el genoma humano. Sin embargo, no debemos olvidar que de nada vale tener una variante génica que nos predispone a tener un gran oído musical o a ser grandes atletas si no practicamos las disciplinas correspondientes. En mi caso, no se da ni lo uno ni lo otro. Mis capacidades atléticas son mínimas o, cuando menos, poco exploradas; y respecto al oído, desde la calle me llega el sonido de la bocina de un coche y soy incapaz de reconocer si está afinada en fa sostenido menor, que por lo visto ahora es la nota habitual en el claxon de los automóviles. Intento mejorar mi escaso talento musical escuchando la curiosa *Sinfonía de los adioses* de Joseph Haydn, de la que tengo la certeza de que está compuesta en fa sostenido menor, pero ni aun así logro discernir el tono del claxon.

En cualquier caso, y de nuevo en contra de lo que muchos dicen y ofrecen, no creo que haya llegado todavía el momento de apresurarse a analizar nuestro genoma o el de nuestros hijos en sitios de dudosa fiabilidad, para que después alguna persona nos informe de manera aséptica y rutinaria acerca de los posibles talentos allí presentes. Una cosa es que las capacidades personales estén escritas en el genoma, y otra muy diferente que hoy sepamos entender dónde y cómo están escritas. Este logro solo se alcanzará cuando los bancos de datos cuenten con millones de genomas y cuando se puedan anotar con precisión las correlaciones existentes entre las variantes y las aptitudes; pero por ahora la prioridad, al menos en nuestro laboratorio, es el estudio de las enfermedades. En los últimos años, nuestro grupo ha descifrado o analizado varios miles de genomas humanos, pero en todos los casos, absolutamente en todos, nuestro esfuerzo se ha dirigido al hallazgo de las claves genómicas que predisponen o causan las enfermedades, y no a satisfacer vanidades o a cumplir con banalidadcs.

Entre las variantes génicas que predisponen a la enfermedad podemos citar algunas de las que ocurren en el gen *APOE* que favorecen el desarrollo del alzhéimer. Otros polimorfismos presentes en distintos genes predisponen al padecimiento de tumores, de alergias, de enfermedades autoinmunes, o de patologías cardiovasculares. Sin embargo, en la mayoría de los casos no es una variante sola la causante de la predisposición, sino una combinación de muchas de ellas, por lo que una vez más hay que concluir que en este terreno nos queda todavía mucho por aprender. Además, estamos hablando de variantes genéticas de predisposición, no de mutaciones causantes de enfermedades, que es algo que estudiaremos más adelante.

Finalmente, algunas investigaciones recientes sobre los genes de la felicidad que expondremos en detalle en un capítulo posterior sugieren que también hay polimorfismos genéticos que predisponen al individuo a una mayor sensación de bienestar. Entre estas variantes destacan las presentes en el gen *SLC6A4*, que codifica una proteína transportadora de serotonina,* bien conocida por su papel como molécula neurotransmisora implicada en la regulación de las emociones. Los individuos con el denominado «alelo* largo del gen» son más propensos a considerarse satisfechos con la vida o consigo mismos que los que no poseen esta variante. Análogamente, una variante del gen FAAH está relacionada con un nivel mayor de anandamida, un derivado endógeno del cannabis que incrementa las sensaciones placenteras y reduce la percepción del dolor. Otro estudio de gran escala, con datos de cerca de trescientos mil individuos, ha revelado que existen tres variantes génicas adicionales que parecen predisponer a la felicidad. Todos estos trabajos tienen un notable interés, ya que nos abren nuevos caminos a la hora de comprender cómo los genes influyen en la manera en que los seres humanos experimentamos nuestras sensaciones de bienestar personal y de felicidad. Sin embargo, hay que insistir una vez más en que los genes o sus variantes no son determinantes, sino meras declaraciones de intenciones que debemos consolidar en un sentido u otro durante la aventura de vivir.

Recapitulando, nuestros padres nos legaron una valiosa brújula genómica que nos orienta tras nuestro aterrizaje en el planeta de los genes, pero ellos no son los responsables de la modelación en nuestros cuerpos de otros grandes lenguajes de la vida, como el epigenoma y el metagenoma, que nosotros mismos vamos esculpiendo a nuestra manera, «golpe a golpe, verso a verso», a través del diálogo cotidiano con el ambiente que nos rodea.[6]

El lenguaje epigenético sería algo así como la gramática o la ortografía del genoma, y surge a partir de cambios reversibles y dinámicos en lo que podríamos llamar la decoración química del ADN o de unas proteínas llamadas histonas que pliegan nuestro material genético para que pueda empaquetarse correctamente dentro de las células.[7] El genoma almacena información, mientras que el epigenoma la organiza, y en un nuevo paralelismo entre el mundo de las ciencias y el de las letras, podemos imaginar que estos cambios epigenéticos actúan a modo de tildes, comas, diéresis o puntos que dan sentido gramatical al mensaje genético y reflejan el diálogo del genoma con el ambiente en el que se desarrolla la vida. Las alteraciones epigenéticas son continuas; en cada instante de la vida se producen millones de ellas. Así, dependiendo de la alimentación, de la temperatura, de la actividad física o de las emociones que experimentemos, se irán generando estos cambios epigenéticos en forma de metilaciones en el ADN o de modificaciones en las histonas que determinan que la información contenida en el genoma se exprese o no, que los genes se activen o inactiven, que hablen o queden en silencio. En definitiva, somos más, mucho más que la suma de nuestros genes.

Cuando ya parecía que con el epigenoma podíamos explicar aspectos hasta ahora desconocidos de la influencia del ambiente en nuestras vidas, entró en escena el metagenoma e introdujo una dimensión adicional de complejidad en la ecuación de los lenguajes biológicos.[8] El metagenoma es nuestra verdadera vida interior, el conjunto de todos los genomas que nos habitan, no solo el humano, sino el de toda la impresionante colección de bacterias, virus y parásitos que conviven en el interior de nuestro organismo, cada uno de los cuales tiene su propio genoma. Somos holobiontes,* esto es, el conjunto formado por un organismo complejo y todos sus microorganismos asociados; y para sorpresa de todos los que asimilan equivocadamente los microbios con la enfermedad, resulta que la inmensa mayoría de los microorganismos que habitan en nuestro cuerpo no solo no causan enfermedades, sino que favorecen el correcto funcionamiento de nuestro organismo.

Este hecho se ha visto corroborado en nuestros días cuando se ha calculado, con la máxima precisión posible, el porcentaje de genoma humano que hay en cualquiera de nosotros. Los resultados de estos estudios son abrumadores y sin duda van a inquietar y hasta a ofender a muchos de nuestros lectores, pues solo una pequeña parte (menos del 10 %) de los genes presentes en nuestro cuerpo son humanos; el resto pertenece a los microorganismos que nos habitan. En suma, los humanos somos muy poco humanos, incluso podríamos calificarnos de inhumanos, al menos en términos genómicos. Esta sorprendente condición es en esencia obra de dos situaciones muy diferentes. Por un lado, debemos recordar que las células más abundantes de nuestro cuerpo son los glóbulos rojos, responsables de transportar el oxígeno a los tejidos, y que estas células tan especializadas no tienen núcleo ni genoma, así que no suman en términos de genes. Además, los encargados de llevar la contabilidad celular nos han enseñado que en nuestro cuerpo hay más células bacterianas que humanas, lo cual contribuye a incrementar nuestra particular cuota de inhumanidad.

La mayor parte de esta comunidad bacteriana, también llamada microbiota* o microbioma,* se aloja en el intestino, desde donde posibilita el desarrollo de múltiples funciones fisiológicas. Durante años se ha pensado que la llamada «flora intestinal», que más que flora es una auténtica fauna, servía única y exclusivamente para la digestión de los alimentos. Sin embargo, hoy estamos comenzando a entender la importancia capital de esta legión de bacterias para cualquier aspecto de nuestra vida y de nuestras enfermedades. Así, más allá de sus funciones digestivas, la microbiota intestinal dirige el desarrollo de nuestro organismo a través de la producción de señales moleculares que controlan el adecuado crecimiento de nuestros órganos y tejidos. Además, estas bacterias enseñan a nuestro sistema inmune a distinguir lo propio de lo ajeno, producen vitaminas ausentes en nuestra dieta, facilitan la absorción de algunos minerales y destruyen toxinas peligrosas para nuestras células. Su contribución biológica es tan amplia y diversa que ha habido que introducir la palabra «disbiosis» para definir un concepto nuevo y de gran relevancia en el contexto de este libro sobre la felicidad.

La disbiosis es la pérdida de equilibrio o simbiosis entre las funciones del microbioma y las de nuestras propias células. Muchas enfermedades surgen o se impulsan tras la pérdida de este equilibrio. Además, aspectos tan importantes en nuestra sociedad como la obesidad y la longevidad se ven influidos por la microbiota intestinal. En nuestro laboratorio, por ejemplo, hemos logrado extender la supervivencia de ratones con envejecimiento prematuro mediante el trasplante de la microbiota de ratones normales.

Por eso, no tiene nada de extraño que el microbioma y el lenguaje metagenómico que utiliza en sus conversaciones con nuestro genoma influya directamente en nuestro bienestar cotidiano y, por tanto, en nuestra percepción de la felicidad. De hecho, el microbioma ha comenzado a ser definido como «el segundo cerebro», un cerebro líquido y móvil que es capaz de interaccionar con el cerebro alojado en la cavidad craneal a través de moléculas que viajan entre los distintos territorios corporales utilizando las autopistas sanguíneas. Investigaciones recientes han demostrado que la microbiota intestinal modula los niveles de serotonina, ese neurotransmisor que mencionamos antes y que está relacionado con nuestros estados de ánimo. Por tanto, si tradicionalmente hemos pensado que la felicidad es la ausencia de dolor o de enfermedad, la irrupción de estos nuevos conocimientos sobre el microbioma y el metagenoma nos obliga a añadir la palabra «disbiosis» a esta ecuación y a asumir que la felicidad es también la ausencia de disbiosis.

En resumen, los números y los lenguajes de la vida dibujan un panorama de extraordinaria complejidad y diversidad. En cada instante de nuestra vida ponemos en marcha billones de células que continuamente reciben, generan y transmiten mensajes vitales. Equivocadamente, asumimos que nuestra máquina biológica de pensar garantiza el procesamiento de toda esta astronómica cantidad de información gracias a la adecuada utilización de nuestras neuronas, que son casi tantas como estrellas hay en la Vía Láctea. Sin embargo, ignoramos u olvidamos que hay otra forma de procesar información que trasciende el funcionamiento del cerebro y que deriva de la utilización de los múltiples lenguajes moleculares de la vida. Hemos hablado del genoma nuclear y del mitocondrial, hemos tratado el varioma, el epigenoma y el metagenoma. Pero estos no son los únicos lenguajes *ómicos* que conocemos, pues podríamos referirnos también al proteoma, al metaboloma, al interactoma, al degradoma, al conectoma y a otros cuantos *omas* más, hasta llegar a convencer a los lectores de que nuestra vida es una historia *ómica* casi interminable.

Sin duda, con estos lenguajes biológicos podemos llegar a construir todas las historias de vida posibles. Estoy convencido de que las sensaciones que los científicos experimentamos durante su exploración, desciframiento y eventual comprensión son muy semejantes a las que percibiría el afortunado lector que pudiera recorrer las estanterías de la Biblioteca de Babel imaginada por Jorge Luis Borges, para después disfrutar del curioso placer de pasar las páginas de su *Libro de arena.* Leyendo los lenguajes *ómicos* de la vida generamos conocimiento y a partir de este saber se construye bienestar y felicidad. Sin embargo, hay que resaltar una y otra vez que los científicos que estudiamos la vida y sus lenguajes no somos deterministas ni genocéntricos, pues somos muy conscientes de que en buena medida todos somos los artistas de nuestra propia vida.

En términos moleculares, el arte de vivir del que hablaba el sociólogo Zygmunt Bauman no sería sino la capacidad de usar adecuadamente el genoma heredado de nuestros progenitores, con sus luces y sus sombras, con sus variantes positivas que tantos talentos y potencialidades nos regalan, pero también con su lado oscuro, representado por los polimorfismos que nos predisponen a la enfermedad y a la melancolía. Además, sabemos que este arte se debe enriquecer con una ortografía epigenética precisa que otorgue sentido a los mensajes genómicos y con un diálogo respetuoso y equilibrado con el metagenoma de nuestros cohabitantes microbianos. Finalmente, queda en nuestras manos el afán de disfrutar de todo ello y el esfuerzo por evitar la presencia de la disbiosis en nuestro organismo. En esto debe consistir la compleja aventura de ser uno mismo y de aproximarse a la felicidad, pero para ello debemos entender cómo se coordinan estos lenguajes a fin de que la balanza de la vida se mantenga el mayor tiempo posible en el lado de la armonía y se aleje de la entropía hacia la que inexorablemente todo y todos tendemos.

CAPÍTULO 6

Armonía o entropía: orden en el laberinto

La vida es un fenómeno natural, el más complejo y maravilloso de los fenómenos conocidos, y, como tal, sigue las rigurosas normas de la física y de la química, incluyendo la segunda ley de la termodinámica. Esta ley nos habla de la entropía, de la tendencia hacia el desorden que experimentan los llamados sistemas cerrados. Por tanto, la vida, que se suele considerar un sistema cerrado, aunque estrictamente no lo sea, fluye necesariamente en la única dirección posible: la que nos lleva hacia la desorganización y hacia la pérdida de la armonía. Asumir esta idea podría generar una sensación de tristeza y de melancolía, pues apunta a un destino inexorable dominado por el triunfo de la entropía. Sin embargo, si volvemos a recrearnos en la contemplación de la vida en nuestro interior, percibiremos una y otra vez el increíble espectáculo que nos ofrece la danza de los genomas cuando se replican o el contorsionismo de las proteínas cuando se pliegan. La vida es pura armonía, siempre en pugna continua con la entropía, pero armonía al fin y al cabo, y toda ella es necesaria para organizar la multitud de reacciones bioquímicas que acontecen en nuestro mundo minúsculo. Por ello, resulta imprescindible conocer cómo se regula la información genética para que podamos realizar con una precisión absoluta y una coordinación exquisita los complejos procesos que nos permiten hacer frente a la entropía, nos ayudan a poner orden en el laberinto biológico y nos hacen disfrutar de cada instante vital que el tiempo nos regala.

Desde Darwin y sus discípulos sabemos que nada tiene sentido en la vida si no es a la luz de la evolución, pero ahora debemos extender esta idea y asumir que nada tiene sentido en la vida si no es a la luz de la regulación, una cuestión que todavía tiene muchas incógnitas, pero en la que podemos establecer algunos principios generales. El primero de todos es que, en cada uno de nosotros, todas las células de nuestro cuerpo tienen el mismo genoma y por tanto la misma información, pero cada una la interpreta a su manera. Cada célula expresa o pone a funcionar unos genes u otros, pero nunca todos a la vez; solo los que necesita en cada instante y en cada lugar del organismo. Los genes son muy discretos, solo cuentan el mensaje que portan cuando se les pregunta. Algunos se expresan una sola vez en la vida, por ejemplo, en unas fases concretas de nuestro desarrollo embrionario, mientras que otros tienen que estar siempre en funcionamiento: son los llamados genes *housekeeping*, los que mantienen la casa. Así, en cada instante de nuestra vida, cada uno de los genes de nuestro cuerpo debe tomar una gran decisión y de alcance similar a la que tuvo que adoptar Hamlet: expresarse o no expresarse; esa es la cuestión principal.

Esta decisión génica tan importante se afronta de manera colegiada entre varios lenguajes biológicos. En política se dice que si solo hablaran las personas que realmente saben de cada uno de los temas en juego, se produciría un gran silencio en el mundo. En nuestro cuerpo no puede suceder eso, pues cada gen debe hablar por sí mismo y a su debido tiempo, debe saber cuándo tiene que transmitir su mensaje. Para lograr este propósito, en el genoma hay unas regiones que actúan como teclas o interruptores que van encendiendo o apagando los genes según se necesiten o no y que están delante de cada gen o en sus alrededores. Estas regiones reciben el nombre de promotores. Por eso, si un gen tiene que ponerse a trabajar, lo primero que debe hacer es exponer su promotor, anunciarse, exhibirse. Esta exposición se consigue principalmente por medio de cambios epigenéticos, uno de nuestros lenguajes *ómicos* más importantes. Estos cambios modifican la arquitectura del genoma y alteran la manera en que está plegado y empaquetado en el núcleo de las células. Así, cuando una región genómica se tiene que expresar se despliega, se abre y deja el camino libre a unos factores que funcionan como los dedos de los jóvenes pianistas Lang Lang o Yuja Wang, y con un ritmo vertiginoso y preciso (aun sacrificando una importante cuota de clasicismo), tocan las teclas de ese imaginario piano genómico para ir activando los promotores de los genes.[1]

Durante mucho tiempo se pensó que estos factores eran todos del mismo tipo general, los llamados «factores de transcripción»,* esto es, proteínas muy especializadas de las que tenemos varios centenares codificadas en nuestro genoma. Algunas de las proteínas reguladoras del reloj circadiano que marca los ritmos celulares durante el día y la noche son factores de transcripción; como también lo son los factores de Yamanaka,* que reprograman las células y las vuelven atrás en el tiempo, o las proteínas que actúan en las primeras fases del desarrollo embrionario y deciden la forma de nuestro cuerpo. Sin embargo, recientemente se han descubierto unos componentes que no tienen nada que ver con las proteínas, pero que resultan cruciales para regular la información del genoma. Estos nuevos componentes moleculares son los denominados «micro-ARN»,* pequeños fragmentos de material genético codificados en el genoma, de apenas veinte piezas nucleotídicas en su forma madura y que se encargan de orquestar la mayor parte de lo que sucede en nuestras células. Curiosamente, los micro-ARN portan mensajes represores que conducen finalmente a la reducción de los niveles de las proteínas reguladas por ellos, mientras que los factores de transcripción generalmente activan los genes para que produzcan las proteínas precisas. Tenemos así un sistema que permite sintonizar de manera sutil pero efectiva las diversas proteínas que se producen en nuestras células.[2]

Llama la atención que, pese a su extraordinaria importancia, los micro-ARN hayan pasado desapercibidos durante tantos años. Hay varias explicaciones posibles para esta paradoja, pero las más obvias sugieren que no se habían detectado porque son muy pequeños y estaban ocultos en lo que podemos llamar el lado oscuro del genoma. Es muy interesante constatar que, al igual que una gran parte del universo es materia y energía de naturaleza desconocida, en el genoma hay también un lado oscuro y muy poco explorado que a menudo se ha denominado, incorrectamente, «ADN basura». Pese a que este nombre ha tenido mucho éxito en disciplinas próximas a la ciencia, era ilógico y hasta ofensivo considerar que una gran parte de nuestro genoma fuera simplemente material desechable. Hoy sabemos que este hipotético basurero genómico contiene un auténtico tesoro molecular repleto de datos necesarios para la regulación de la información de nuestro genoma.

Tras ser iluminado con el foco de la tecnología, en el lado oscuro del genoma se han encontrado los promotores de los genes, sus intensificadores y sus silenciadores, así como muchos otros elementos que apenas conocemos. Además de los centenares de genes de los micro-ARN, en estas regiones del genoma se han descubierto también muchas otras familias de ARN que no codifican proteínas, como los lnc-ARN, los piwi-ARN o los sno-ARN, disimulados entre la masa de miles de millones de letras genómicas, pero desempeñando un papel central en el mecano de la vida.[3] Estas tribus genómicas, que recuerdan a las que de vez en cuando se descubren en el Amazonas o en Papúa Nueva Guinea, donde han vivido durante generaciones sin que nadie las moleste, han estado inmersas en el genoma desde hace millones de años. Sin embargo, pese a que son esenciales para sintonizarnos con la vida y ponernos en su mejor onda, la inmensa mayoría de estos componentes reguladores del genoma pasaron completamente desapercibidos durante muchísimo tiempo. Además, no todos los organismos tienen micro-ARN o los otros tipos de ARN no codificantes. Por ejemplo, las bacterias no los tienen en su genoma, y tampoco los necesitan, pues su vida no está regulada de la misma manera que la nuestra. Recordemos que el sueño de una bacteria es dividirse y que para ejecutar esa tarea hace falta eficiencia, pero no excesivas sutilezas reguladoras.

No obstante, a medida que aumenta la complejidad de la vida y llega a crear seres como nosotros, la necesidad de dictar normas reguladoras en el mundo minúsculo es tan importante como la necesidad de regular la vida en sociedades mayúsculas como las humanas. Esta difícil tarea se consigue por medio de la introducción de cambios en el número y en la estructura de los elementos reguladores presentes en ese lado oscuro del genoma que hoy irradia luz propia. Curiosamente, incluso entre especies tan próximas como los chimpancés y los humanos hay diferencias claras en su catálogo de micro-ARN. Todo este nuevo campo de conocimiento pone de manifiesto una conclusión muy importante: la complejidad se consigue en gran medida mediante la regulación de la información disponible. Este es uno de los grandes logros evolutivos alcanzados por nuestra especie durante la aventura que nos llevó a obtener el don de la humanidad, porque pese a tener prácticamente la misma información genómica que otros primates, somos más plásticos y dinámicos en su regulación, lo cual nos dota de talentos vitales adicionales.

En resumen, somos mucho más que esa colección gigantesca de letras químicas que forman el lenguaje genómico. Recuerdo las inolvidables «Palabras para Julia» de José Agustín Goytisolo: «Un hombre solo, una mujer / así tomados, de uno en uno / son como polvo, no son nada». Un gen o un genoma, así tomados, de uno en uno, tampoco son nada. Debemos ser plenamente conscientes de que en nuestro interior conversan al mismo tiempo muchos lenguajes moleculares distintos, y estas conversaciones deben organizarse o regularse de manera exquisita para que los mensajes vitales fluyan armónicamente y desafíen a la entropía. Esta tarea reguladora es de tal magnitud que sería ingenuo por nuestra parte pensar que todo va a ir siempre bien y que los errores o las imperfecciones no forman parte de la ecuación de la vida. Llegamos así al momento en que debemos asumir la existencia de la enfermedad como algo natural y debatir cómo podemos afrontarla para evitar que nos robe la felicidad.

CAPÍTULO 7

La lógica molecular de la enfermedad

El escritor alemán Jean Paul nos legó muchos libros y una frase rotunda: «La memoria es el único paraíso del que nunca podemos ser expulsados». Hoy más que nunca tengo muy claro que no todos los recuerdos nos llevan al paraíso, por lo que me siento mucho más identificado con Zaz, esa brillante cantautora francesa que con naturalidad y sencillez nos pide ayuda por si alguna vez olvida celebrar los buenos momentos de la vida. Mientras escucho *Si jamais j'oublie* («Si alguna vez olvido») me recuerdo a mí mismo que lo más asombroso de la vida es que todo funcione, que no tengamos que pensar cada mañana en si hay que poner en marcha una reacción bioquímica u otra. Una vez asumida nuestra vulnerabilidad, lo verdaderamente increíble es que no estemos enfermos o que no vivamos solo unas horas como las libélulas, sino que lleguemos hasta los ochenta, los noventa o incluso los cien años. No olvidemos que ya hay más de diecisiete mil centenarios en España y alrededor de medio millón en todo el mundo; pero si realmente queremos vivir más y, sobre todo, si queremos vivir mejor, el objetivo final es lograr comprender la lógica molecular de las enfermedades que encogen o debilitan nuestro futuro. Debemos entender el último porqué de las enfermedades, o, para expresarlo con uno de mis mantras favoritos, debemos conocer para poder curar.

Todas las patologías tienen un trasfondo molecular, aunque en muchos casos todavía no lo entendamos bien: desde el cáncer, que quizá es la enfermedad que nos hace sentir más vulnerables, a las enfermedades neurodegenerativas, que nos van convirtiendo «en nada y en olvido», o a las patologías cardiovasculares, que se presentan sin avisar y nos quitan la vida en un instante, sin darnos tiempo a decir lo que ya nunca podremos decir; pasando por las afecciones asociadas al envejecimiento, ese proceso natural que, según aprendí de Ángel González, nos alcanza a todos hasta «volvernos menos ciertos, confusos, y disolvernos en el aire cotidiano». Todas esas enfermedades que ponen de manifiesto la vulnerabilidad humana tienen una lógica molecular que debemos desentrañar estudiando los lenguajes de la vida, para después convertir el conocimiento en salud. La reflexión sobre esta cuestión nos llevará a hablar de las patologías hereditarias y de las enfermedades *de novo*, ambas causadas por defectos en el genoma, y después pasaremos a tratar las que surgen por alteraciones en lenguajes biológicos como el epigenoma y el metagenoma, reflejo del diálogo del genoma con el ambiente, y que en realidad son las más comunes. Esta categoría de enfermedades ocasionadas esencialmente por factores ambientales nos obliga a preocuparnos por nuestra salud para mejorar nuestro bienestar e ir en pos de la felicidad.

Las enfermedades hereditarias están escritas en el genoma y son todas las que nos vienen de fábrica al heredar de nuestros progenitores la mutación o mutaciones que las provocan. Estas mutaciones heredadas pueden ser de dos tipos: dominantes o recesivas, distinción que surge del hecho de que cada uno de nosotros tiene dos copias de cada gen, una heredada de nuestra madre y la otra de nuestro padre. En las enfermedades de herencia dominante, basta que haya un solo defecto en una de las copias para que se desarrolle la correspondiente patología, mientras que en las enfermedades recesivas ha de haber mutaciones en las dos copias a la vez.

La historia de las enfermedades hereditarias ha estado siempre llena de enigmas; de hecho, durante mucho tiempo estuvieron asociadas a todo tipo de fuerzas sobrenaturales y esotéricas que actuaban sobre las desafortunadas familias en las que se manifestaban estas patologías. Curiosamente, son pocos los que saben que fue un médico vallisoletano llamado Luis Mercado, nacido en torno a 1525, quien abordó por primera vez en el mundo el estudio riguroso y científico de estas enfermedades en uno de sus libros. El doctor Mercado dedicó su vida a la enseñanza de la medicina en la Universidad de Valladolid, pero su prestigio llegó a oídos de Felipe II, que le nombró médico de cámara en 1578. En la corte tuvo contacto con las enfermedades que afectaron a la rama española de la dinastía Habsburgo, los Austrias, quienes, obsesionados por la pureza dinástica, siguieron una desafortunada política matrimonial de consanguinidad que condujo inexorablemente a su extinción tras la muerte sin descendencia de Carlos II el Hechizado. Luis Mercado publicó en 1605 el extraordinario tratado *De morbis hereditariis* («Sobre las enfermedades hereditarias»), en el que definió estas patologías como procesos naturales completamente ajenos a cualquier tipo de intervención sobrenatural. Desde entonces se ha avanzado mucho en su estudio y, al menos en lo que respecta a su catalogación, el progreso de los últimos tiempos ha sido extraordinario. Existen más de siete mil enfermedades hereditarias en los seres humanos, y si hojeamos el catálogo que las enumera podremos constatar nuestra propia fragilidad.

Cada día vienen al mundo muchos niños con daños genómicos que cambian para siempre el plan de sus vidas y el de sus familias, cualesquiera que sean el lugar donde hayan nacido o su condición social. Las enfermedades hereditarias (y también algunas enfermedades genéticas que no son hereditarias) suelen cambiar los apellidos de los pacientes, cosa que aprendí tras conversar con el padre de un niño llamado Daniel, cuyo primer y más determinante apellido no es el de uno de sus progenitores, sino

Angelman, el nombre de la enfermedad que padece. Análogamente, tras venir al mundo en algún rincón del planeta, son miles de niños los que adoptan apellidos como Duchenne o Becker porque tienen alteraciones musculares, o los que se llamarán Rett o Huntington porque sufren enfermedades neurológicas, y así sucesivamente hasta sumar siete mil de estos nuevos apellidos que casi siempre son difíciles de pronunciar para nuestros labios.

La mayoría de estas patologías afectan a pocos o muy pocos pacientes. De hecho, a muchas de ellas se las denomina enfermedades raras, o minoritarias (con menos de cinco casos por cada diez mil habitantes), pero para los pacientes y sus familias no son nada raras, ya que constituyen el eje central en torno al cual giran sus vidas. Un ejemplo de enfermedad hereditaria es la que ya mencionamos en el capítulo 4, el síndrome de Néstor-Guillermo, descrito por primera vez en nuestro laboratorio, aunque por el momento solo se ha identificado a dos pacientes que lo hayan padecido o lo padezcan en la actualidad. Esta enfermedad, causada por mutaciones en el gen *BANF1*, es de carácter recesivo, así que los padres de Néstor y Guillermo eran portadores sanos, dado que poseían solamente una copia defectuosa de este gen. Para poder vivir con normalidad basta tener la otra copia disponible del gen. Desafortunadamente, Néstor y Guillermo heredaron de sus progenitores las copias defectuosas del gen *BANF1*, algo que definió de manera genial el inolvidable Néstor cuando desciframos su genoma y el de su familia: «Vaya casualidad, fui a quedarme con lo malo de mi padre y de mi madre».

Las enfermedades hereditarias no son las únicas que surgen por daños en el lenguaje genómico. Con frecuencia creciente nos enfrentamos a lo que llamamos enfermedades *de novo*, es decir, patologías causadas por una mutación que aparece por primera vez en una familia concreta. Ni los padres, ni los abuelos, ni los hermanos, ni ninguno de los antepasados de esa familia presentan la alteración genética *de novo* que origina la enfermedad observada. Las enfermedades *de novo* surgen habitualmente por una mutación específica de la célula germinal de los padres (ya sea el óvulo o el espermatozoide) que dio lugar al embrión del futuro paciente, aunque la mutación *de novo* también pudo haberse producido en el propio embrión durante las fases tempranas de su desarrollo. De esta forma, en los pacientes con dichas enfermedades, todos los billones de células derivadas de esas primeras células embrionarias mutantes presentarán la misma mutación *de novo,* que finalmente provocará el desarrollo de alguna enfermedad.

Mientras escribo, recuerdo con una sonrisa las peripecias científicas de Pablo, un chico asturiano que padecía síndrome de Down, enfermedad causada por un defecto genómico *de novo* y de largo alcance que conduce a la trisomía del cromosoma 21. Quienes sufren esta conocida enfermedad tienen en sus células tres copias de ese cromosoma en lugar de las dos habituales, una procedente del padre y la otra de la madre. Conocí a Pablo hace más de una década, cuando presentó su candidatura a una oferta de trabajo de nuestro laboratorio, que buscaba a una persona que nos ayudara a realizar algunas tareas de soporte técnico. En esa época, uno de nuestros descubrimientos sobre el cáncer nos había permitido obtener una patente que fue comprada por una empresa farmacéutica multinacional, y quisimos invertir los beneficios económicos que nos correspondían por la venta de esa patente en la contratación de una persona que tuviera alguna enfermedad que dificultara su incorporación al mercado laboral. Así es como llegó al laboratorio Pablo, que nos robó el corazón ya el primer día que estuvo entre nosotros. Durante todo el tiempo que trabajó en nuestro grupo de investigación dejó muestras imborrables de su extraordinaria empatía con la vida y con el mundo en general. Entre ellas, ninguna tan impactante como su propia descripción de la lógica molecular de su enfermedad.

Una tarde en la que solo quedábamos él y yo en el laboratorio, vino a recogerme al despacho porque habíamos acordado que iríamos juntos a una celebración con los estudiantes. Con su característica precisión, Pablo apareció en la puerta a la hora exacta; yo recogí mis cosas, salimos juntos del despacho y caminamos en silencio por el largo pasillo en el que tenemos colgada en una de las paredes una imagen del cariotipo humano donde se visualizan todos los cromosomas que configuran nuestro genoma. Cuando llegamos a la altura de esa gran fotografía, Pablo se detuvo un instante, levantó el brazo derecho, señaló el cariotipo y simplemente dijo: «Yo tengo tres de estos», y después continuó su camino. Conmovedor, sencillamente conmovedor; nunca se podrá explicar mejor la causa molecular del síndrome de Down.

Otro caso muy cercano de enfermedades causadas por mutaciones *de novo* es el de Sammy Basso, uno de mis campeones particulares de la felicidad —del que ya hablamos en el primer capítulo del libro— y que posee una mutación dominante *de novo* en el gen *LMNA*. En este caso, el cambio es muy sutil: una simple mutación de la letra C a la T entre los tres mil millones de letras genómicas fue la causante de que Sammy desarrollara el síndrome de Hutchinson-Gilford que ha comprometido gravemente su futuro, pero, a cambio y según sus propias palabras, le «ha regalado cosas que nunca hubiera soñado».

Las enfermedades *de novo* son poco frecuentes, aunque su incidencia parece estar aumentando porque se estudian más y mejor, pero también porque la paternidad y la maternidad se están retrasando y es más probable que las células germinales de los padres hayan acumulado daños que no tenían a una edad más temprana. Sus hijos incorporarán esas mutaciones en todas sus células y podrán desarrollar enfermedades que los padres no padecen porque las mutaciones causantes de estas patologías solo afectan a una o varias células germinales de los progenitores, pero no a las del resto del cuerpo. En cualquier caso, en lo que respecta a las enfermedades *de novo* y a sus mutaciones, debemos ser conscientes de algo de suma importancia que obvian muchos mercaderes de la felicidad o de la inmortalidad: todos somos mutantes.

Sabemos que todos heredamos la información genética de nuestros progenitores, pero los avatares moleculares sufridos durante nuestro desarrollo embrionario traen como consecuencia que cada uno de nosotros aterrice en el planeta con alrededor de sesenta mutaciones *de novo*, ausentes en la generación anterior. Estas nuevas mutaciones contribuyen a la variación genética de los humanos y, a muy largo plazo, a la evolución de nuestra propia especie, pero en ocasiones pueden dar lugar a enfermedades genéticas de aparición esporádica, es decir, sin que haya antecedentes de dicha enfermedad en la familia. Curiosamente, investigaciones recientes han demostrado que muchos casos de autismo, una enfermedad de origen controvertido y siempre muy debatida, surgen por mutaciones *de novo* en genes relacionados con el desarrollo del sistema nervioso.

Recuerdo muy bien el día en que acudió a nuestro laboratorio un niño maravilloso diagnosticado con síndrome de espectro autista que se llamaba Miguel. Como tantas veces ocurre en las enfermedades *de novo* que se presentan sin avisar, los extraordinarios padres de Miguel y el resto de su no menos excepcional familia estaban absolutamente desconcertados por la enfermedad del niño y tuvieron que pasar por la durísima e injusta fase de autoinculpación de su propio desarrollo. Recorrieron muchos lugares en busca de ayuda y de información, e incluso acudieron a renombrados profesionales, que trataron de convencerles de que el origen de la desconexión de Miguel con el mundo estaba en una estimulación sensorial inadecuada o insuficiente durante las primeras etapas de su vida, algo impensable e imposible de creer cuando se conoce a la familia del pequeño. Tras un esfuerzo de varios meses, nuestro estudio genómico de Miguel y de su familia reveló la presencia de una mutación *de novo* dominante en un gen neuronal del niño que no aparecía en sus padres ni en su hermano. De nuevo, un solo defecto en los tres mil millones de piezas de nuestro genoma causaba una enfermedad que cambiaba el plan de una vida. Atrás quedaron las especulaciones y las falsas interpretaciones; ni vacunas ni desatención, lo que había causado la enfermedad de Miguel era una mutación.

Recapitulando, hasta ahora hemos tratado las enfermedades hereditarias y las patologías *de novo* causadas por mutaciones en el genoma. Como ya sabemos, son muchas y de carácter muy distinto, pero la mayoría afectan a pocos pacientes. Sin embargo, y por sorprendente que pueda resultar, la mayoría de los seres humanos enfermamos por otros motivos. Las patologías más comunes, las que acaban por afectarnos a todos son el resultado de algo mucho más complejo que una simple mutación en el genoma: surgen en buena medida por alteraciones en el incesante diálogo de nuestro genoma con el ambiente.

Las enfermedades causadas por mutaciones en una o varias de los tres mil millones de letras químicas de nuestro genoma serían fruto de una mala ortografía, pero las causadas por defectos en la organización de la información, en la interacción de los diferentes lenguajes de la vida serían el producto de una mala caligrafía. Así, en el caso de los códigos epigenéticos, puede ocurrir que la introducción de cambios drásticos en la nutrición, la falta de ejercicio físico, la pérdida de eficiencia del sistema inmune, o incluso una alteración emocional muy intensa alteren los patrones de expresión de los genes, sin que lleguen a sufrir ninguna mutación. Genes que no deberían expresarse se activan fuera de su sitio o a destiempo, mientras que otros se silencian, se apagan, cuando deberían estar activos. Si a esto sumamos la existencia en nuestro genoma de variantes o polimorfismos de predisposición, entonces comienzan a desarrollarse enfermedades de distintas clases, entre las cuales se encuentran las metabólicas, las autoinmunes, las inflamatorias, las cardiovasculares o las degenerativas, que de una u otra manera a todos nos acaban alcanzando. Por esta sencilla razón, simplemente por esto, no creo en la falsa promesa de la invulnerabilidad humana.

De manera análoga, las alteraciones del metagenoma también están en el origen de numerosas enfermedades, y me atrevo a vaticinar que su estudio va a adquirir gran protagonismo en el futuro próximo de la medicina. Recordemos que el metagenoma es la suma de todos los genomas que cohabitan en nuestro organismo, especialmente los genomas de las bacterias que colonizan masivamente el intestino. Cambios nutricionales, físicos, inmunológicos o emocionales como los que generan defectos epigenéticos pueden romper también el exquisito equilibrio en el diálogo de nuestros genes con los genes de las bacterias que nos cohabitan. Entramos así en un estado de disbiosis. Luego, comienzan a desarrollarse procesos patológicos de baja intensidad que van adquiriendo fuerza con el paso del tiempo y con la acumulación de daños en los demás lenguajes de la vida: mutaciones esporádicas en el genoma y cambios dinámicos y reversibles en el epigenoma. Al final, tarde o temprano, la enfermedad comparece en cada uno de nosotros.

Las enfermedades tienen una lógica molecular que surge de alteraciones en los distintos lenguajes de la vida, pero debemos preguntarnos si todo este conocimiento puede contribuir a curar las enfermedades. Para ello es preciso convertir el conocimiento en salud: para curar hay que conocer. En el caso de las patologías hereditarias y las enfermedades *de novo*, la primera cuestión que se nos plantea es la identificación de las alteraciones genómicas que las originan. Son enfermedades del genoma, luego lo primero que deberíamos hacer es descifrar el genoma o, como mínimo, analizar los genes candidatos que podrían causar la enfermedad, algo que hoy es técnicamente posible en laboratorios especializados. Se consigue así diagnosticar molecularmente la enfermedad y acabar con la pesadilla de unos padres que, durante meses o años, no pueden poner nombre a lo que está transformando la vida de sus hijos y hasta la suya propia. En esta tarea se ha avanzado de manera extraordinaria, y el futuro próximo promete aún más avances. Nuestro propio laboratorio ha contribuido a este progreso mediante el descubrimiento de nuevos síndromes hereditarios como los que he mencionado en capítulos anteriores, pero también a través de la identificación de nuevos genes responsables de cánceres hereditarios. Sin embargo, en este ámbito no podemos ocultar una verdad muy incómoda: la gran mayoría de estas enfermedades hereditarias son tan minoritarias que su estudio no ha gozado de una atención preferente, y, para nuestra vergüenza, son todavía muchos los síndromes hereditarios con causas genéticas desconocidas.

Una vez identificada la mutación que causa una determinada enfermedad en una familia o incluso en una población, se pueden tomar varias medidas. En primer lugar, se puede diagnosticar de una manera sencilla y barata a los portadores de la patología en cuestión, que de esa forma sabrán que pueden transmitir el defecto causante de la enfermedad y podrán actuar en consecuencia. En este sentido, me gustaría poner un ejemplo muy cercano. Hace tres años estábamos estudiando el genoma de varias familias asturianas con casos frecuentes de muerte súbita, cuando descubrimos que la causa de este drama en algunas de esas familias estaba en la existencia de mutaciones dominantes en un gen llamado *FLNC*. Este descubrimiento no solo ha aportado conocimiento, sino también salud, esperanza y vida. Así, los portadores de mutaciones en dicho gen son objeto de un seguimiento clínico continuo por parte de los cardiólogos, y, si es necesario, podrán beneficiarse de la implantación de un desfibrilador automático que evitará el dramático proceso que durante generaciones ha tenido lugar en sus familias como parte de un destino inexorable del que probablemente nunca creyeron que podrían escapar. Por otra parte, a los miembros de las familias que según el análisis de su genoma no habían heredado la mutación también se les puede recetar algo muy importante: un consejo. Para ellos, el mejor consejo es un consejo genético: aunque en su entorno hayan visto morir súbitamente a sus padres, a sus tíos o a sus hermanos, su riesgo de muerte súbita no es mayor que el de cualquiera de nosotros. La receta que se ofrece en estos casos es tan simple como contundente: serenidad y tranquilidad.[1]

El consejo genético puede ir incluso más lejos: a los padres que ya tienen un hijo con una enfermedad hereditaria conocida genéticamente se les pueden aplicar técnicas de fecundación *in vitro* y diagnóstico preimplantacional, para luego seleccionar embriones sin esa mutación. La ley española también autoriza a tener hijos con fines terapéuticos para terceros, por ejemplo, para trasplantar una médula ósea compatible, lo cual permite curar la patología genética del hermano enfermo. En nuestro país, se han documentado al menos seis casos de los llamados hermanos salvadores o bebés medicamento desde que en 2006 se aprobó la Ley de Reproducción Asistida y se creó un Comité de Ética que analiza cada caso individualmente y decide si cumple los requisitos exigidos.

No puede ocultarse que así se abre la puerta a la selección genética, técnica que también implica el desecho de embriones, lo cual suscita cuestiones éticas de suma importancia en las que se dan opiniones contrapuestas. Para algunos, toda acción emprendida en este sentido supone obviar la dignidad intrínseca de estos embriones humanos. Para otros, el hecho de que una familia pueda engendrar un hijo para posibilitar la curación de otro es un avance extraordinario. Como siempre digo a mis alumnos cuando afrontamos estos temas en clase, el respeto a ambas posturas debe ser absoluto por nuestra parte; pero lo que yo mismo he percibido en mi experiencia con estos casos es que las familias afectadas no quieren seleccionar esos embriones con ningún fin banal, lo único que desean es verse libres de enfermedades que les han abrumado durante generaciones.

Otra de las discusiones sobre este tema es la que atañe a la controvertida opción de tener hijos con tres progenitores para afrontar las graves e incurables enfermedades provocadas por ciertas alteraciones en el pequeño ADN mitocondrial, del que ya hablamos en el capítulo 3. El ADN mitocondrial es exclusivamente de herencia materna, es decir, el que tenemos lo hemos heredado de nuestra madre y ella a su vez lo heredó de nuestra abuela, y así podemos remontarnos en el tiempo a lo largo de una línea genómica matriarcal. Tras muchas discusiones y polémicas, el Parlamento inglés finalmente aprobó en 2015 una ley que autorizó por primera vez la aplicación de esta tecnología de reproducción asistida que no implica destrucción de embriones. Desde entonces ya han nacido algunos niños con el ADN nuclear de su padre y de su madre, más el ADN mitocondrial de una donante, lo cual puede evitar la transmisión del defecto mitocondrial materno que causa graves enfermedades.[2]

En suma, más allá de los respetables reparos que provocan estas técnicas en algunos colectivos, intervenciones como la selección de embriones para evitar la transmisión de ciertas enfermedades son legales y sin duda posibles. En este ámbito, lo más importante es tener la información adecuada y saber con certeza lo que hoy es admisible y técnicamente accesible, para distinguirlo de todo lo que ahora es imposible o no está permitido. Después, cada persona, cada pareja de progenitores debe tomar la última decisión acerca de la manera en que quiere afrontar estos temas, para lo cual habrá de sumar el conocimiento científico a sus propias convicciones éticas. En este sentido, estoy firmemente convencido de que el problema de la sociedad nunca será el conocimiento; el verdadero problema será siempre la ignorancia.

Respecto a las enfermedades *de novo*, aunque técnicamente sería factible anticiparlas, en términos prácticos hoy por hoy es casi imposible hacerlo, al menos de manera general. Esto debe tomarse como una llamada de atención para quienes nos cuentan casi cada día —y con la sorprendente complicidad de instituciones influyentes y de los medios de comunicación— que vamos a ser inmortales, invulnerables y perfectos. Las enfermedades *de novo*, que surgen sin avisar, forman parte de la lógica molecular de la vida, que no es otra que la generación de diversidad y de variabilidad. Por eso, estas patologías van a acompañar siempre a nuestra especie y continuamente seguirán apareciendo nuevas afecciones provocadas por nuevas mutaciones en genes en los que hasta ahora no se habían detectado mutaciones causantes de enfermedades. Dado que las enfermedades *de novo* van a ser fieles compañeras de la vida humana, su estudio debe ser objeto de atención prioritaria y continua, pues solo mediante la investigación se encontrarán las claves de su comprensión y de su eventual curación.

Por otra parte, en relación a las deficiencias epigenéticas, hay algunos medicamentos que contribuyen al borrado de las marcas químicas, como la metilación selectiva y anómala del ADN, que silencian genes necesarios y causan enfermedades sin necesidad de provocar mutaciones en ellos. El borrado farmacológico de estas marcas aberrantes conduce a la reprogramación de las células, que de este modo recuperan talentos y funciones, y vuelven a contribuir al bien común del organismo. Algunos de estos fármacos dirigidos a reescribir los lenguajes epigenéticos se usan ya de manera notable en el tratamiento de tumores malignos, fundamentalmente en el de las leucemias y los linfomas.[3]

Por último, podemos intervenir sobre la disbiosis a través de la alimentación y del empleo moderado y racional de los probióticos,* prebióticos* y posbióticos.*[4] Los probióticos son microorganismos vivos que, cuando son suministrados en cantidades adecuadas, resultan beneficiosos para la salud del organismo receptor. Entre los alimentos que contienen agentes probióticos se encuentran los yogures frescos, el kéfir y otros productos lactofermentados. Los prebióticos son sustancias no digeribles por el intestino que favorecen el funcionamiento del organismo al estimular el crecimiento y la actividad de bacterias beneficiosas para la salud como el *Lactobacillus* y el *Bifidobacterium*. Los prebióticos son generalmente moléculas de gran tamaño que forman parte de la llamada fibra alimentaria, compuesta sobre todo por hidratos de carbono como los fructooligosacáridos, la lactulosa y la inulina, que son fermentados por la flora bacteriana intestinal. Por último, los posbióticos son un subproducto del proceso de fermentación bacteriana que tiene acciones positivas para la salud, como por ejemplo la modulación del sistema inmunológico y la reducción de los niveles de glucosa en la sangre. Entre los posbióticos podemos citar algunos ácidos grasos de cadena corta, como el ácido butírico, o las bacteriocinas, muy efectivas frente a numerosos microorganismos patógenos.

Todavía queda mucho por aprender acerca de la manera en que se puede modular el microbioma para mejorar la homeostasis del organismo y evitar la disbiosis. Sin embargo, no debemos olvidar que, si bien las enfermedades hereditarias son deterministas y la pauta de actuación pasa por descifrar genomas y corregir los defectos genéticos o bioquímicos, las patologías que surgen en buena medida del mal diálogo del genoma humano con el ambiente deben afrontarse también por medio de la educación. Deberíamos estar mucho más implicados en el cuidado de nuestra salud; una sociedad educada desde la infancia en el cuidado de la salud es una sociedad más sana y más justa. Esto es crucial también para un tema que se discutirá en el siguiente capítulo: las claves del cáncer y los nuevos tratamientos de esta enfermedad que constituye una herida que no acaba de cicatrizar.

Los trabajos sobre las distintas enfermedades que hemos presentado a modo de ejemplos ilustrativos de diversas situaciones reafirman la gran utilidad del desciframiento del genoma y de los demás lenguajes de la vida para el conocimiento de dichas patologías. Sin embargo, hay que reconocer que entre las prioridades de nuestra sociedad no se encuentra la de demandar conocimiento, por lo que, más allá del diagnóstico molecular y el consejo genético, hay que esforzarse al máximo en la propuesta de soluciones. Las primeras respuestas claras frente a las enfermedades causadas por alteraciones genéticas, sean o no hereditarias, vinieron de las llamadas «proteínas recombinantes»,* producidas por organismos sencillos que son modificados genéticamente para que puedan generar proteínas que no poseen de manera natural.

Así, los tratamientos con insulina que precisan los millones de diabéticos que hay en el mundo, las terapias biológicas para las enfermedades autoinmunes o inflamatorias, y los tratamientos que se ocupan de corregir diversas enfermedades metabólicas están basados en el empleo de proteínas humanas producidas por medio de bacterias y de levaduras. Empleando unas sencillas técnicas de ingeniería genética se incorpora el gen humano que interese al genoma de la bacteria, y como los códigos de la vida son comunes a todos los organismos, desde las bacterias hasta los seres humanos, este microorganismo bacteriano, además de producir sus propias proteínas, va a sintetizar una proteína humana de gran relevancia terapéutica como es la insulina. De esta manera, se consigue una fuente de acceso a una proteína funcional que es idéntica o muy parecida a la original, y que puede sustituir a la que está defectuosa o ausente en los pacientes. Por eso debemos tener un enorme respeto y una gratitud infinita a las proteínas recombinantes, que han regalado ya mucha vida y mucho bienestar al *Homo sapiens* y al *Homo sentiens.*

Otra alternativa de mayor calado pero mucho más compleja sería la terapia génica,* una forma de tratar enfermedades que está basada en una idea muy buena y muy lógica. Si asumimos que tras muchas patologías humanas subyace la existencia de genes defectuosos, podríamos intentar reemplazarlos por sus versiones correctas. Llevar un gen a un genoma no es fácil, pero los virus nos ofrecen buenas oportunidades para hacerlo. En las tres últimas décadas se han modificado algunos virus patogénicos para que puedan servirnos como medio de transporte de los genes al propio genoma y de ese modo corregir enfermedades. Existen dos maneras de transferir genes a un genoma: *in vivo* y *ex vivo*. Los procedimientos *in vivo* implican la administración directa del vector viral que contiene la versión normal del gen. En los métodos *ex vivo* se extraen células del paciente, habitualmente de la médula ósea, para ser transformadas después con el vector corrector y finalmente devueltas a la médula del paciente. Allí, las células corregidas podrán multiplicarse y dar lugar a células sanas que acaben imponiéndose a las enfermas.

Esta última estrategia es la que se utilizó en Ashanti da Silva, una «niña burbuja» portadora de dos mutaciones recesivas en el gen *ADA* que la privaban de la respuesta inmune adecuada y la condenaban a vivir aislada del mundo, porque cualquier infección podía resultarle fatal. El 14 de septiembre de 1990, Ashanti, que entonces tenía poco más de cuatro años, recibió terapia génica *ex vivo* para combatir su grave inmunodeficiencia combinada, convirtiéndose así en la primera paciente en que se aplicaba este tipo de terapia. Tras concluir el tratamiento, Ashanti pasó de ser una «niña burbuja» a una niña con una calidad de vida relativamente normal, aunque para sostener la vitalidad de su sistema inmune hubo que emplear también proteína ADA recombinante.

Este indudable éxito de la medicina quedó pronto empañado, pues los tratamientos de terapia génica aplicados posteriormente a otros niños inmunodeficientes no solo no curaron sus enfermedades, sino que provocaron la aparición de tumores, sobre todo leucemias. La explicación de este fracaso radicaba en el hecho de que los virus portadores del gen corrector se habían integrado aleatoriamente en regiones inadecuadas del genoma de los niños, causando la transformación maligna y la subsiguiente proliferación celular inadecuada que es consustancial al cáncer. Mucho más grave todavía fue que un ensayo clínico de terapia génica dirigido a corregir una enfermedad metabólica causada por mutaciones en el gen *OTC* provocara la muerte de uno de los pacientes, Jesse Gelsinger, pese a que el curso de su enfermedad era relativamente benigno. La causa que desencadenó la inesperada y dramática muerte de Jesse cuando apenas contaba dieciocho años de edad fue el desarrollo en su organismo de una respuesta inmune masiva y descontrolada contra el adenovirus utilizado como vector para transportar a sus células la versión correcta del gen *OTC*. Esta situación, acontecida en el otoño de 1999, trajo como consecuencia la paralización de los protocolos de terapia génica y la completa reevaluación de los procedimientos utilizados.

Hoy, casi dos décadas después de esta desgracia, la terapia génica ha encontrado de nuevo su camino para contribuir al tratamiento de enfermedades incurables. En los últimos años, grupos europeos y americanos han obtenido resultados positivos y estimulantes empleando la terapia génica para la curación de patologías graves. Este es el caso de la epidermólisis bullosa, la devastadora enfermedad que afecta a los niños con piel de cristal o piel de mariposa, cuya epidermis es tan frágil que cualquier roce les causa heridas y úlceras que provocan en ellos dolores terribles, tumores cutáneos e infecciones recurrentes que finalmente acaban con su vida. El tratamiento consiste en aislar células de los pacientes, introducir en ellas una copia correcta del gen mutado mediante virus modificados genéticamente, cultivarlas en el laboratorio e injertarlas de nuevo en los pacientes. De acuerdo con los datos publicados recientemente en la revista *Nature*, este tratamiento ha permitido la regeneración de más del 80 % de la piel de Hassan, el primer niño con piel de cristal al que se ha aplicado con éxito la terapia génica.[5]

Otro caso muy reciente y muy simbólico de los buenos resultados obtenidos por la terapia génica es el tratamiento de la adrenoleucodistrofia cerebral,[6] una dramática enfermedad neurodegenerativa causada por mutaciones en el gen *ABCD1*. Esta patología adquirió gran notoriedad cuando los padres de Lorenzo, un niño estadounidense que sufría adrenoleucodistrofia, iniciaron una tenaz movilización a fin de buscar alguna cura para la afección de su hijo. Su esfuerzo condujo al desarrollo de lo que se conoce como «aceite de Lorenzo», una mezcla de ácido oleico y ácido erúcico que ayudó a retrasar la aparición de los síntomas de la enfermedad. Los ensayos clínicos acabaron demostrando que este aceite no curaba la adrenoleucodistrofia, pero la incansable búsqueda de los padres de Lorenzo, reflejada en una emotiva película protagonizada por Nick Nolte y Susan Sarandon (*El aceite de la vida*), llamó la atención sobre el estudio de enfermedades minoritarias cuyas opciones terapéuticas eran inexistentes, y en muchos casos aún siguen siéndolo.

La lección aprendida de los errores iniciales de la terapia génica fue muy dolorosa, pero sirvió para redimensionar las expectativas, para mejorar la tecnología y para progresar con prudencia conforme al ritmo impuesto por la propia complejidad de las enfermedades que se intentaban curar. La terapia génica se posiciona de esta manera como una buena alternativa futura para el tratamiento de algunas enfermedades monogénicas (causadas por mutaciones en un único gen) que reducen el bienestar humano, pero no parece que vaya a ser una solución universal por la que fluyan ríos de felicidad en la lucha global contra la enfermedad.

Sin embargo, pese a todas las dificultades e incertidumbres en la búsqueda de la salud, hoy «voy a hablar de la esperanza», como dijo el gran César Vallejo en sus *Poemas humanos,* y quiero compartir la idea de que la exploración del horizonte científico ha comenzado a dar nuevos frutos. El mensaje más optimista del viaje al futuro de la felicidad surge una vez más de la investigación básica sobre las claves de la vida y de las enfermedades. El escenario que se abre ante nuestros ojos es impresionante, debido fundamentalmente a la introducción de nuevas tecnologías que están cambiando ya la forma de entender la vida y sus imperfecciones. Podemos pensar que delante de nosotros se abre el infinito en forma de nuevos métodos basados en la secuenciación de genomas, en la reprogramación celular o en la edición génica, todos los cuales prometen ser los nuevos elixires de la felicidad.

CAPÍTULO

8

Nuevos elixires de felicidad

Los tiempos de la humanidad están cambiando. Nuevos conceptos y nuevas tecnologías nos están aproximando a nuevas formas de entender la vida y nuevas maneras de visualizar nuestro lugar en el mundo. Pese a ello, la sociedad sigue mirando para otro lado y no deja de sorprender el profundo desconocimiento y hasta el desinterés que muchos humanos muestran en torno a la comprensión biológica de la vida y de las enfermedades. Abrazamos sin reparos la tecnología de fácil consumo, pero cerramos los ojos y la mente a la que está relacionada con cuestiones esenciales. Sin embargo, la ignorancia nunca puede ser ni una excusa ni una opción, y ya quedaron muy atrás los tiempos en que la Tierra era un disco plano, los astros giraban a su alrededor y el ser humano ocupaba el centro de la creación. De la misma forma, deberían quedar también muy atrás los tiempos en que para explicar la vida y las enfermedades había que recurrir a alguna forma de pensamiento mágico. La ciencia no tiene todas las respuestas, pero nos ayuda a mirar al futuro inventando nuevas tecnologías que son para nosotros principios transformadores en nuestro afán de vivir más y mejor. Por eso, es importante conocer los principios generales de estas nuevas técnicas, para que podamos tener opiniones claras y no sean otros los que tomen las decisiones por nosotros. Hay que ser conscientes de que la ciencia es un derecho fundamental del ciudadano y no un adorno para complementar agendas políticas, económicas o sociales.

Entre los grandes avances tecnológicos que ocupan un lugar preferente en mi lista personal de futuros elixires de la felicidad está el reciente desarrollo de técnicas que permiten descifrar los distintos lenguajes *ómicos* de la vida, incluyendo los lenguajes genómicos conformados por esos tres mil millones de letras químicas de solo cuatro tipos que, dispuestas en un orden específico, hacen de nosotros seres únicos. El desciframiento del genoma humano de referencia, que en realidad es una mezcla de datos genómicos de varios individuos de orígenes distintos, fue un proceso muy costoso y laborioso que se extendió durante más de una década y supuso una inversión de más de tres mil millones de dólares. Durante años, el desciframiento de genomas personales o individuales de una manera rápida y eficiente pareció una utopía. Sin embargo, la introducción de nuevos métodos de secuenciación de genomas, mucho más rápidos y económicos que los originales, supuso un punto de inflexión en la historia de la ciencia. Hoy, el desciframiento de genomas es un alarde tecnológico que se apoya en avances de la química, la física, la biología, la ingeniería y la informática, cuesta poco más de mil dólares y resuelve en unas horas lo que hasta hace poco tiempo llevaba años de trabajo.

Dejando de lado estos datos que no dejan de maravillarnos por el progreso que actualmente experimenta la tecnología en el punto de convergencia de las ciencias, la secuenciación de genomas ha abierto también el camino a la medicina personalizada o medicina de precisión, que aspira a tratar de forma individualizada a cada paciente en función de las alteraciones moleculares que porten sus células. La secuenciación de un genoma puede ofrecernos información definitiva acerca de la presencia o ausencia de variantes mutacionales en pacientes que sufran una enfermedad de carácter genético. Sin embargo, es en el campo de la oncología donde se han concentrado los mayores esfuerzos en este sentido y donde hasta el momento se han obtenido los mejores resultados.

Nada nos hace sentir más vulnerables que el cáncer, y sin embargo el origen de esta gravísima patología es bastante más simple de lo que muchos piensan. El estudio de su lógica molecular ha demostrado que esta enfermedad surge de la acumulación de mutaciones en el genoma humano, a las cuales se suman algunas alteraciones importantes en el epigenoma y el metagenoma. Por tanto, el cáncer es una enfermedad de los genes, pero eso no significa que sea hereditaria, pues menos del 10 % de los tumores malignos provienen directamente de mutaciones heredadas de nuestros progenitores. Estos tumores legados por los familiares se pueden reconocer con cierta facilidad; también se pueden establecer las mutaciones que los causan y ofrecer a sus portadores el consejo genético y las medidas de intervención más apropiadas para cada paciente.[1]

El caso de la actriz Angelina Jolie, portadora de una mutación en el gen *BRCA1* que predispone a los cánceres de mama y de ovario, ha tenido una gran repercusión mediática. Su abuela, su madre y su tía también tenían esa mutación; las tres murieron de cáncer, por lo que ella decidió someterse primero a una doble mastectomía y después a una extirpación de los ovarios como medida preventiva. Sin embargo, la gran mayoría de los casos de cáncer no son hereditarios; se producen por mutaciones genómicas adquiridas a lo largo de la vida como resultado de agresiones externas tales como las radiaciones solares, la acción de algunos virus y los agentes tóxicos como el tabaco, o, simplemente, por las inevitables imperfecciones que existen en nuestros mecanismos de replicación y reparación del material genético.

Dado que el cáncer surge por la acumulación de daños en el genoma, parecía obvio considerar que si lográbamos secuenciar el genoma de los tumores podríamos entender las causas de la enfermedad y desarrollar nuevos tratamientos. Sin embargo, esta idea tan lógica chocaba con la dificultad de descifrar genomas de manera rápida y barata. De pronto, en noviembre de 2008, esta situación cambió de forma radical. Todavía recuerdo perfectamente la noche en que leí unos artículos de la revista *Nature* donde se presentaban los primeros datos genómicos completos de varios individuos, que se habían obtenido mediante una técnica llamada «secuenciación masiva de nueva generación». Entre estos datos estaban los de James Watson, codescubridor de la estructura helicoidal del ADN, pero también los de una paciente con cáncer.[2] Esa misma noche intercambié varios mensajes con mis discípulos y colaboradores en los que discutimos la posibilidad de aprender estas técnicas para descifrar de manera global los genomas del cáncer. Ampliaríamos así las perspectivas de nuestro laboratorio, que llevaba más de veinte años estudiando de manera aislada los genes del cáncer, una aproximación muy necesaria hasta ese momento, pero que de pronto parecía minimalista e insuficiente.

Tras una reunión celebrada en Toronto en la que participaron representantes de ocho países, incluida España, se puso en marcha el Consorcio Internacional del Genoma del Cáncer (ICGC, por sus siglas en inglés), un proyecto que en su primera fase pretendía descifrar el genoma tumoral de veinticinco mil pacientes con cáncer y compararlo con el genoma de las células normales de esos mismos pacientes. De esta manera, se podrían identificar las mutaciones más frecuentes en los tipos de cáncer más comunes o más refractarios a los tratamientos conocidos hasta entonces. En estrecha colaboración con varios científicos de distintos centros españoles, especialmente con Elías Campo y Xavier Estivill, iniciamos la tarea que correspondió a nuestro país: el desciframiento del genoma de quinientos pacientes con leucemia linfática crónica, la más frecuente en el mundo occidental. La magnitud de nuestra tarea parecía abrumadora, sobre todo considerando que hasta ese momento solo se habían secuenciado unos pocos genomas humanos en todo el mundo, pero con el esfuerzo coordinado de muchas personas, pronto pudimos recoger las primeras imágenes del paisaje genético de este tipo de leucemia. Los resultados obtenidos mostraron la existencia de una auténtica tormenta mutacional genómica, según ponía de manifiesto el hallazgo de más de dos mil mutaciones en cada uno de los genomas estudiados.[3]

Desde entonces, cada vez que me enfrento a los ingentes datos de un genoma tumoral humano recuerdo un conmovedor relato de Eduardo Galeano en el que se describe la historia de un padre que decide emprender un largo viaje con su hijo para enseñarle el mar. Cuando por fin lo encuentran, el niño, fascinado, se queda mudo, hasta que al final acierta a pronunciar tres palabras: «Ayúdame a mirar». Era tal la magnitud de aquello que contemplaba por vez primera que unos ojos solos y sin entrenamiento no podían hacerlo sin ayuda.[4] Algo parecido sucede cuando analizamos la biografía genómica de un paciente con cáncer. Es tal la magnitud de la información que debemos examinar e integrar que hay que sumar las miradas de muchos para poner un poco de orden en el caos genómico que representa el cáncer.

Por fortuna, en todos estos naufragios genómicos, siempre hay espacio y tiempo para la esperanza. Tras completar a finales de 2015 nuestro trabajo sobre el genoma de quinientos pacientes con leucemia, descubrimos que había varias mutaciones recurrentes, así que algunos pacientes tenían dañados los mismos genes. Además, en algunos enfermos detectamos exactamente las mismas mutaciones, lo cual es algo realmente extraordinario si recordamos que nuestro genoma posee tres mil millones de piezas y cualquiera de ellas es susceptible de ser diana de mutaciones. Estos resultados, sumados a los obtenidos en proyectos genómicos sobre otros cánceres (especialmente los del proyecto americano llamado TCGA, Atlas del Genoma del Cáncer), ya han permitido identificar numerosos genes mutantes a los que los tumores se vuelven adictos. De ahí que estos genes se hayan convertido en objeto preferente de la intervención terapéutica. En último término, esta aproximación global al estudio del cáncer conducirá al diseño de medicamentos más selectivos y más eficaces que los disponibles en la actualidad, y a la instauración de tratamientos individualizados para cada paciente.[5]

Esta mirada genómica global a la biografía del cáncer, esa enfermedad que no es una sino muchas distintas, representa solo un primer paso hacia el futuro. Estudios paralelos en muchas otras enfermedades genéticas van a conducir a resultados equivalentes y, por tanto, a nuevos tratamientos. Además, los avances tecnológicos se han extendido al desciframiento de los lenguajes epigenómicos y metagenómicos, y hoy podemos determinar con confianza y eficiencia las alteraciones que durante el desarrollo del cáncer se producen en el epigenoma tumoral o en el metagenoma de un individuo. Entramos así en el tiempo de los genomas, una nueva era que promete conocimiento, pero que ni oculta ni minimiza el largo camino que todavía debemos recorrer. Por ello, hay que enfatizar que el desciframiento del genoma de los tumores malignos o de cualquier otra enfermedad escrita en el lenguaje de las cuatro letras de la vida no va a suponer la curación rápida y definitiva de esas patologías. A cambio, estas nuevas tecnologías van a ofrecer a los especialistas clínicos toda la información biológica y molecular precisa que les va a permitir instaurar los tratamientos más adecuados para cada paciente. Así, el desciframiento de genomas se va a convertir en una herramienta imprescindible para regalar salud y tiempo, y, por tanto, en un nuevo elixir de bienestar y felicidad.

Y mientras muchos nos afanábamos en buscar las alteraciones genómicas que causan el cáncer, Shinya Yamanaka completaba en Japón unos experimentos que iban a cambiar algunos paradigmas clásicos de la biología. Con la única ayuda de su imaginación y de cuatro factores de transcripción (las proteínas con funciones reguladoras que ya tratamos en el capítulo 6), el doctor Yamanaka y su estudiante Kazutoshi Takahashi reprogramaron células adultas, borraron sus marcas epigenéticas acumuladas con el paso del tiempo y las devolvieron a un pasado lleno de pluripotencia y juventud bioquímica. Estas células reprogramadas, conocidas como iPS (siglas en inglés de células *stem* pluripotentes inducidas), se obtuvieron en un principio de células de la piel de unos ratones, pero pocos meses después se aplicó la misma técnica a células humanas.[6] De manera tan inesperada como sorprendente, Yamanaka y Takahashi habían invertido la flecha del tiempo, haciendo realidad un viejo sueño de la humanidad.

Recuerdo bien el día que conocí a Shinya Yamanaka. Fue el 13 de junio de 2011 durante una cena en la Embajada de Japón en España. Su trabajo había alcanzado una extraordinaria repercusión científica, pero Shinya era una persona muy reservada y discreta, y, como las autoridades de su país intuían que podía ganar el Premio Nobel, querían promocionar su figura en todo el mundo. En el marco de esta iniciativa, varias embajadas japonesas, entre ellas la española, organizaron encuentros con científicos en los que se pudieran discutir los avances del trabajo del doctor Yamanaka y las perspectivas futuras de su labor en un entorno agradable y tranquilo. Acudí a la cena con mi hija Laura, entonces estudiante de Medicina, y junto a los diez invitados reunidos en torno a Shinya Yamanaka y su mujer, Chika, disfrutamos de una maravillosa noche madrileña disfrazada bajo una atmósfera genuinamente zen.

Shinya Yamanaka respondía a la perfección a la imagen de timidez y humildad que se tenía de él; habló muy poco, aunque no hacía falta, pues los allí presentes ya éramos bien conscientes de la trascendencia de su trabajo. En el ámbito conceptual, estaba claro que sus experimentos de reprogramación habían demostrado que no era correcta la idea aceptada durante tanto tiempo según la cual el estado diferenciado de una célula es algo irreversible. Muchos de los asistentes a aquella cena habíamos comprobado en nuestros propios laboratorios que el sencillo cóctel de factores de Yamanaka (Oct4, Sox2, c-Myc y Klf4) podía devolver las células tratadas a un estado pluripotente, a partir del cual se pueden generar células del tipo deseado. Por eso, la conversación se centró en las posibles aplicaciones clínicas de las células iPS, y a este respecto Shinya Yamanaka fue contundente: el objetivo no era retrasar el tiempo, sino luchar contra las enfermedades asociadas al propio paso del tiempo.

En este sentido, la gran ventaja de las células iPS radica en que se pueden obtener a partir de cualquier célula adulta del paciente, lo cual facilita el trabajo experimental de manera extraordinaria, disminuye los problemas de rechazo en los futuros trasplantes de estas células y elimina las barreras éticas asociadas al empleo de células progenitoras de origen embrionario. No obstante, las células iPS todavía presentan las mismas limitaciones que otras células troncales, entre las cuales se encuentra su capacidad de provocar tumores malignos, lo cual exige el máximo rigor y control médico antes de su utilización en pacientes. Por ello, si bien es cierto que la impactante revolución conceptual impulsada por las células reprogramadas ha tenido una aplicación inmediata en investigaciones básicas sobre los mecanismos de las enfermedades y en la creación de modelos celulares que las recapitulen, su evolución clínica, en cambio, ha sido mucho más lenta.[7]

El 16 de marzo de 2017, la prestigiosa revista médica *New England Journal of Medicine* publicó los resultados del primer tratamiento basado en el empleo de células iPS que había tenido éxito. Investigadores japoneses dirigidos por la doctora Masayo Takahashi extrajeron células de la piel de una paciente aquejada de degeneración macular, enfermedad que causa la pérdida de la visión. Tras reprogramar estas células cutáneas en forma de células pluripotentes iPS, los investigadores convirtieron las células reprogramadas en células retinianas, y, finalmente, las injertaron en uno de los ojos de la paciente. Los resultados fueron positivos pero de alcance modesto, pues tras ese innovador autotrasplante de células de la propia paciente se detuvo el deterioro ocular y la visión se mantuvo estable durante más de dos años, pero no se logró mejorar la agudeza visual de la paciente.

Los trabajos centrados en la obtención de células iPS a partir de las células de los propios pacientes representan un hito en la medicina regenerativa, pero su elevado coste puede hacer inviable cualquier intento de aplicar esta metodología de manera general. Por ello, en Japón y en algunos otros países se han comenzado a preparar líneas de células compatibles con las características genéticas de un amplio segmento de la población de dichos países, para que se puedan utilizar de forma global y eficaz en terapias de trasplante celular. El propio doctor Yamanaka ha estimado que cien líneas de células iPS podrían ser suficientes para toda la población de Japón, mientras que con doscientas se podría cubrir la población de Estados Unidos. Además, estas células tendrían un uso preferente en el tratamiento de una decena de enfermedades con características concretas y sumamente limitantes, como por ejemplo la presencia de defectos en un solo tipo celular. El empleo de células iPS en pacientes con enfermedades complejas que afectan a órganos constituidos por diversos tipos de células sigue siendo un gran desafío para la ciencia y para la medicina en sí misma.

Han pasado ya más de diez años desde las primeras publicaciones de Shinya Yamanaka, en las cuales describía cómo se creaban las células iPS. Este campo científico ha crecido de forma exponencial, pero su evolución clínica ha seguido las cautelosas pautas establecidas por su primer impulsor. Todavía queda muy lejos el momento en que una infusión matinal de factores de Yamanaka pueda rejuvenecer nuestras células de manera inmediata. Sin embargo, la creación de modelos celulares de enfermedades humanas y las aplicaciones clínicas en determinados contextos hacen de las células iPS uno de esos nuevos elixires de felicidad que pueden ayudarnos a vivir un poco más y, sobre todo, un poco mejor.

Un año después de aquella cena zen celebrada en Madrid, Shinya Yamanaka recibió la llamada de Estocolmo y en diciembre de 2012 recogió junto con John Gurdon (pionero en experimentos de clonación con modelos animales utilizando células no embrionarias) el Premio Nobel de Medicina. Curiosamente, ese mismo año se publicó un artículo en la revista *Science* que iba a abrir el camino a una nueva revolución biológica: la edición génica.[8] Este trabajo fue el resultado de la fructífera colaboración establecida entre los laboratorios de dos extraordinarias investigadoras, Jennifer Doudna y Emmanuelle Charpentier, y condujo a la introducción de una nueva tecnología llamada CRISPR/Cas9,* que permite modificar de manera sencilla y eficiente el ADN de cualquier organismo. El término CRISPR (Clustered Regularly Interspaced Short Palindromic Repeats, «repeticiones palindrómicas cortas agrupadas y regularmente interespaciadas») hace referencia a unas pequeñas secuencias del ADN bacteriano en cuyo estudio fue pionero el científico español Francis Mójica. Por su parte, Cas9 alude a un grupo de proteínas bacterianas que son capaces de cortar el ADN en sitios predefinidos.

La edición génica mediante la técnica CRISPR/Cas9 actúa como una suerte de bisturí molecular con el cual se pueden modificar genomas, añadir o eliminar genes, y hasta corregir errores genéticos mínimos por medio de unos ARN guía que dirigen las proteínas reparadoras al lugar concreto donde se encuentra el defecto que ha de ser corregido. Sus aplicaciones experimentales son ya muy amplias y en algunos casos se acercan al límite de lo increíble.[9] Así, con cambios sencillos en el genoma porcino se han creado pequeños cerdos del tamaño de un gato que pueden ser útiles para la investigación científica, pero que también se venden como mascotas. Otros científicos han creado perros hipermusculados para mejorar las capacidades cinegéticas o defensivas del animal, vacas lecheras sin cuernos para evitar daños y accidentes, o cabras de Cachemira que producen más y mejor lana. Algunos investigadores, como el ingeniero genómico y gran imaginador George Church, se proponen ir todavía más lejos y hasta han querido editar el genoma del elefante asiático para asemejarlo al del extinto mamut, una mítica criatura a la que ansían devolverle la vida. En paralelo, se han creado todo tipo de vegetales nuevos modificados genéticamente que permiten incrementar el rendimiento de las cosechas o facilitar su consumo entre los humanos. Pero si dejamos a un lado todas estas aplicaciones en el ámbito de la flora y la fauna que nos rodea, lo que verdaderamente deseamos es explorar con intensidad y urgencia las implicaciones de las técnicas de edición génica para la mejora de nuestra vida.

En los pocos años que han transcurrido desde su introducción, la técnica CRISPR/Cas9 se ha utilizado ya para corregir —en células humanas cultivadas en el laboratorio— las mutaciones causantes de enfermedades de todo tipo, incluyendo las alteraciones inmunológicas, las respiratorias, las neurológicas, las hematológicas, las metabólicas y las cardiovasculares. La simplicidad del proceso de edición génica y su alta eficiencia en el laboratorio desencadenaron una extraordinaria euforia en vista del posible traslado de estas nuevas aproximaciones tecnológicas a los pacientes. El primer paso en esta dirección implicaba el ensayo de dicha técnica en ratones modificados genéticamente, para que porten en su genoma las mismas mutaciones que causan las enfermedades humanas que se quieren curar. En los dos últimos años se han desarrollado métodos de CRISPR/Cas9 que intentan corregir en ratones enfermedades tales como las distrofias musculares, las hemoglobinopatías, las metabolopatías y algunas formas de ceguera y de sordera. En nuestro laboratorio y en el del doctor Izpisúa Belmonte hemos usado esta técnica para corregir en ratones la mutación que causa la progeria* de Hutchinson-Gilford, la enfermedad que sufre Sammy Basso, uno de mis referentes fundamentales en materia de felicidad. De hecho, el propio Sammy ha contribuido con su talento y con sus propias manos al desarrollo de este proyecto durante su inolvidable estancia en nuestro laboratorio.

En suma, los resultados de estos trabajos de edición génica en modelos celulares y animales son muy prometedores, aunque habrá que esperar algún tiempo, que a los pacientes y sus familias siempre les parecerá demasiado, antes de que esta técnica se pueda trasladar a la práctica clínica con seguridad y eficacia. Los primeros pasos en esta dirección ya se han dado. En 2016, tan solo cuatro años después de que Doudna y Charpentier inventaran el bisturí genómico CRISPR/Cas9, un grupo de investigadores del West China Hospital de Chengdu trató a un paciente con cáncer de pulmón con sus propias células editadas genéticamente para que potenciaran su sistema inmune antitumoral. Así, estos científicos extrajeron las células inmunitarias presentes en la sangre del paciente y eliminaron de su genoma el gen codificante de la proteína PD1, cuya función natural es bloquear la respuesta inmune. A continuación, las células modificadas se reintrodujeron en el propio paciente con la esperanza de que, al incrementar la potencia de su respuesta inmune, las células tumorales que estaban acabando con su vida pudieran ser atacadas y destruidas de manera más eficaz. Como tantas veces sucede, los resultados no fueron espectaculares, pero sí lo suficientemente esperanzadores para que muchos otros grupos de investigadores hayan comenzado a explorar de forma rigurosa estas aproximaciones que, para tratar el cáncer, conjugan la inmunoterapia y la edición génica.

Un paso más en el largo camino que deben recorrer las técnicas de edición génica antes de convertirse en elixires de bienestar humano sería el empleo de las tijeras moleculares del

CRISPR/Cas9 para crear modificaciones genéticas permanentes y heredables en la línea germinal, a fin de reducir el riesgo de enfermedades muy frecuentes. Por ejemplo, se podría eliminar la variante ε4 del gen *APOE* que predispone al alzhéimer, reescribir la secuencia del gen *IL23R* para evitar la enfermedad de Crohn, o anular el gen *PCSK9* para reducir la posibilidad de sufrir un infarto de miocardio. Las innovadoras técnicas de edición génica también pueden desempeñar un papel decisivo en la futura prevención y el tratamiento de las enfermedades infecciosas. Así, la inmunodeficiencia causada por el virus del sida podría abordarse mediante la eliminación del gen *CCR5* en las células del sistema inmunológico, de manera que se evite la entrada del virus en ellas. Por último, la modificación genética de los organismos que transmiten enfermedades como la malaria o el zika puede conducir a la erradicación de tales patologías. De esta forma, quizá podamos llegar a cambiar un espectro patológico que nos ha acompañado desde nuestro origen como especie en algún lugar del continente africano de cuyo nombre no puedo acordarme porque no se conoce todavía con total precisión.

Sin embargo, frente a este luminoso panorama que anuncia el futuro, tenemos que recordar también que la heredabilidad de la mayoría de las enfermedades que hoy nos afectan, y especialmente la de las más comunes, no depende de un único polimorfismo genético, sino que son muchas las variantes que contribuyen a definir nuestra susceptibilidad a una u otra patología. Además, hay variantes genéticas que aumentan el riesgo de contraer unas enfermedades, pero a la vez reducen la predisposición a otras. Por último, la vida es un sistema abrumadoramente complejo, y sus partes constituyentes están tan estrechamente interconectadas que predecir todos los efectos biológicos de un cambio genómico, por reducido que sea, constituye una tarea que hoy parece casi imposible. Por ello, la autorización para introducir cambios permanentes en el ADN de nuestra especie debe ir precedida de una amplia discusión y generar un amplio consenso en una sociedad que, antes de opinar, debe estar muy bien informada acerca de lo que representan tales manipulaciones. Prueba directa de las incertidumbres que rodean al progreso de la edición génica es el reciente anuncio por parte del científico chino He Jiankui del nacimiento de dos gemelas, Nana y Lulu, a las que se ha inactivado el antes citado gen *CCR5* utilizado por el virus del sida como puerta de entrada a las células del sistema inmunológico. El propósito de este trabajo es evitar la transmisión a las niñas del virus del que es portador su progenitor, lo cual es sin duda comprensible, pero el anuncio de He Jiankui ha sido calificado como prematuro científicamente al no haber sido contrastado antes en ninguna publicación en la que puedan evaluarse los numerosos riesgos que todavía conlleva esta tecnología. Además, el presunto nacimiento de los primeros niños editados genéticamente ha obviado el acuerdo internacional sobre manipulación de la línea germinal humana, y crea serias dudas éticas al no distinguir con precisión entre lo que representa la posible curación de una enfermedad y la aspiración a mejorar la especie humana.

En suma, apenas ha transcurrido una década desde que leímos la primera edición del genoma humano, el gran libro de la vida, por lo que deberíamos ser muy cautelosos antes de ponernos a reescribirlo. Prudencia, rigor, consenso y educación son palabras clave en este ámbito para evitar que, tal como sucedió con los inicios de la terapia génica, la aplicación prematura e inadecuada de la edición génica en humanos cause más daño que el que se pretende reparar. En cualquier caso, debemos recordar que estamos en un momento histórico trascendental en el que, tras 11 700 años de vigencia, el Holoceno empieza a ser reemplazado por las luces y las sombras del Antropoceno.* En esta nueva era, los humanos ya no estamos completamente a merced de las fuerzas de la naturaleza y del tiempo, por lo que podemos aventurarnos a imaginar nuevas posibilidades de afrontar un futuro mejor para el planeta Tierra y para sus habitantes basándonos en el conocimiento científico. Disfruto del sonido melancólico y mágico de *Holocene*, la maravillosa metáfora lírica de Bon Iver sobre nuestra insignificancia como seres humanos, e imagino con optimismo que la conjugación de los tres nuevos elixires de la felicidad tratados en este capítulo puede ofrecernos algunas claves para mejorar nuestra vida y la de los seres vivos que nos rodean y acompañan. Estoy convencido de que el desciframiento masivo de genomas para conocer los detalles más profundos de nuestros talentos, aptitudes y susceptibilidades patológicas, junto con el uso de la reprogramación celular «a la Yamanaka» para conceder una segunda oportunidad a nuestras células dañadas y la utilización de la edición génica para corregir esos daños genómicos, nos van a ayudar a construir un futuro mejor para nuestra especie, al menos en lo referido al abordaje de la enfermedad humana. De manera indirecta avanzaremos también hacia la consecución de la felicidad, pues, salvo excepciones muy notables, creo que Arthur Schopenhauer estuvo muy acertado cuando señaló que el 90 % de la felicidad está en la ausencia de enfermedad.[10]

Con este pensamiento de Schopenhauer anclado en mi mente, escucho mi cuerpo y lo percibo en buen estado general. Mañana no sé cómo estará, pero hoy no tengo ninguna enfermedad grave y me siento contento y agradecido por haber llegado a los sesenta años en este estado de bienestar básico. Pienso en los miles y miles de mutaciones que he sufrido a lo largo de mi vida y en que pese a ellas sigo aquí. Sin embargo, la cabeza no deja de darme vueltas y vueltas, estamos todo el tiempo cometiendo el grave error de viajar del pasado al futuro y del futuro al pasado, sin disfrutar del presente. Nuestra mente parece sentirse más cómoda cuando está ocupada en este vaivén que nos lleva hacia atrás y hacia delante sin dejarnos en paz. En medio de este trajín, me olvido de mi cuerpo, de mis mutaciones y de mis imperfecciones, y de pronto surge en mi mente una reflexión adicional: además de utilizar el conocimiento para tratar tantas y tantas enfermedades que hoy nos siguen preocupando y abrumando, quizá podríamos usar estas técnicas para aumentar nuestra cuota de felicidad cotidiana. De este modo, podríamos llegar a impulsar el progreso del *Homo sapiens* hacia territorios en los que el nivel de insatisfacción, de infelicidad o de ruido mental sea menor que el actual.

Para afrontar esta cuestión, lo primero que deberíamos considerar es si en algún lugar de nuestro laberinto genómico existen realmente los genes de la felicidad. En el caso de que podamos identificarlos, tal vez lleguemos a ser capaces de manipularlos y de avanzar, aunque sea con paso indeciso, hacia nuevos territorios emocionales. Así, ocho capítulos y veinte mil leguas o palabras después del inicio de nuestro viaje al centro de la vida, un viaje que es submarino y molecular a la vez, pues somos agua salada con unas pocas moléculas disueltas en ella, nos disponemos a iniciar una expedición todavía más incierta y compleja que la anterior. Este nuevo viaje, también submarino y molecular, pues la mente, como la vida, evolucionó en el mar,[11] nos llevará al centro de la felicidad.

CAPÍTULO

9

Los genes de la felicidad

Mientras escribo, disfruto pensando que al igual que hay gente para todo, también habrá genes para todo, incluso para la felicidad. Cuando al famoso torero sevillano Rafael Gómez Ortega «el Gallo» le presentaron a José Ortega y Gasset como filósofo, el matador preguntó en qué consistía esa extraña profesión. Alguien le explicó que ese señor se dedicaba a pensar. El Gallo, asombrado, guardó un respetuoso silencio durante unos segundos y al final dijo simplemente: «Hay gente *pa tó*». No sé qué hubieran pensado el torero o el célebre filósofo español acerca de la hipotética existencia de los genes de la felicidad, pero a priori se podría creer que su búsqueda iba a ser una tarea difícil, pues, como ya hemos discutido cuando abordamos los distintos lenguajes de la vida, los genes son condicionantes, pero no determinantes.

Esta distinción es todavía más relevante cuando consideramos sensaciones o emociones tan subjetivas como la de felicidad, una palabra que debería estar escrita en agua para reflejar su sutileza y variabilidad. Además, muchos estudios han mostrado que la situación de base de nuestro cerebro social es la preocupación o la negatividad, por lo que puede que la búsqueda genómica deba centrarse en los genes de la infelicidad. Autores como Mihaly Csikszentmihalyi nos han enseñado que la segunda ley de la termodinámica también se aplica a esa masa gelatinosa de color gris que tiembla en nuestra cabeza. Inevitablemente, la entropía psíquica hace que tendamos de manera natural hacia la autocrítica y el pesimismo, o hacia la cuidada y persistente elaboración de pensamientos oscuros.[1] La evolución darwiniana tiene una explicación para esta realidad general, ya que la maravillosa transición del cerebro animal a la mente humana se produjo en un tiempo en el que las circunstancias ambientales eran muy distintas a las actuales. Aunque a veces nos parezca mentira, el mundo era entonces mucho más agresivo y brutal que el de nuestros días. Lo esencial para sobrevivir no era recrearse en los momentos agradables o en la contemplación de la naturaleza, sino detectar con diligencia y prontitud las amenazas y los peligros de la vida cotidiana.

Abrazados al miedo y abrochados a la incertidumbre, el estado de alerta crónica ayudó a nuestros antepasados a rememorar los riesgos y a anticipar las soluciones que les impidieran sucumbir a ellos. Así, en la adolescencia de nuestra especie, tuvimos que aprender que el cerebro pone la supervivencia por delante de la felicidad, y los genes de quienes no asumieron este principio vital quedaron sumidos para siempre en el silencio de la futura humanidad.

Pese a estos malos augurios sobre la existencia de los genes de la felicidad, la actual avalancha de publicaciones científicas hace que con una simple búsqueda bibliográfica en Google podamos encontrar «artículos para todo», incluyendo un buen número de contribuciones que exploran la heredabilidad de la felicidad. Con calma, disciplina, curiosidad y una paciencia infinita he revisado todos los estudios científicos que se han publicado en torno a las variantes génicas que influyen en la felicidad o en el bienestar emocional. Los primeros trabajos relevantes en este sentido se remontan al año 1979, cuando un grupo de investigadores de la Universidad de Minnesota encabezados por David

Lykken comenzaron un estudio con alrededor de cien pares de gemelos que habían sido separados en su infancia y en los que posteriormente se fueron analizando múltiples parámetros psicológicos y fisiológicos. Una década más tarde, estos científicos publicaron un artículo en la revista *Science* en el que demostraban las fascinantes coincidencias en numerosos aspectos de la personalidad y de las actitudes sociales de esos gemelos idénticos que habían crecido por separado, sin tener la menor noticia de sus clones humanos.[2]

Estos resultados no pretendían minimizar el valor de la educación y de otros factores ambientales en el desarrollo de la personalidad, pero apuntaban a la idea de que muchas características psicológicas, desde el grado de inteligencia a la sensación personal de bienestar, presentan una significativa heredabilidad. El trabajo de Lykken y sus colaboradores generó incomodidad en algunos ámbitos científicos y sociales, pues, pese a que nadie osaba discutir la influencia del ambiente en la felicidad, a muchos les costaba asumir que los genes pudieran dictar o ajustar nuestro nivel de bienestar emocional. En cualquier caso, los investigadores no se arredraron ante las críticas, multiplicaron sus esfuerzos, y unos años más tarde publicaron un artículo muy provocador titulado «La felicidad es un fenómeno estocástico». En este trabajo estudiaron un total de 1380 gemelos, tanto idénticos como mellizos o fraternales, a los cuales se les pidió que se posicionaran en una escala de bienestar. Tras comparar las respuestas ofrecidas por cada grupo de gemelos se comprobó con asombro que la concordancia entre las respuestas de los gemelos idénticos alcanzaba el 44 %, mientras que en los mellizos no superaba el 8 %. A continuación, los investigadores evaluaron por separado a los dos tipos de gemelos. Los resultados fueron una vez más sorprendentes, pues ponían de manifiesto que el factor genético era el principal determinante del comportamiento social y de la percepción del bienestar en los gemelos idénticos, ya se hubieran criado juntos o por separado. Además, se comprobó que la relación entre los genes y la felicidad se mantenía estable a lo largo del tiempo, pues cuando se repitió el estudio varios años más tarde resultó que el nivel de felicidad de los gemelos idénticos se mantenía invariable en el 80 % de los casos. A tenor de este hallazgo, los investigadores llegaron a la conclusión de que cada persona tiene un nivel básico de felicidad que le es propio y que en buena medida viene determinado por los genes heredados de sus progenitores.[3]

Las investigaciones de David Lykken y sus colaboradores supusieron un punto de inflexión en la cuestión de la heredabilidad del comportamiento e impulsaron el trabajo de muchos otros investigadores en este mismo campo. Sin embargo, gracias a la perspectiva que nos ofrece el paso del tiempo, hoy en día podemos señalar que estos estudios pioneros tenían una clara limitación debido a su falta de resolución genética, pues en ningún caso fueron capaces de definir los genes directamente responsables de la heredabilidad de la felicidad. Todavía hubo que esperar unos años para que se desarrollase la tecnología genómica precisa que finalmente permitiría pasar de lo general a lo concreto. Comenzó entonces una nueva etapa de investigación en la que, a modo de una lenta marea creciente, se fueron acumulando datos y más datos sobre este tema que finalmente condujeron al descubrimiento de los primeros genes implicados en la construcción de nuestro particular edificio de la felicidad.[4]

Así, el 18 de abril de 2016, la revista *Nature Genetics* publicó un excelente trabajo coordinado por los profesores Meike Bartels y Philipp Koellinger, de la Universidad Vrije de Ámsterdam, en el que se estudiaban los posibles genes del bienestar subjetivo en un apabullante conjunto de 298 420 personas. En todos los participantes de este gigantesco metaanálisis se evaluó el denominado bienestar subjetivo a modo de *proxy* (medidor aproximado) de la felicidad. Con este propósito, los individuos estudiados contestaron diversos cuestionarios en los que se exploraba cómo percibe una persona su propia vida y el grado de satisfacción que genera esta percepción. Además, en estos cuestionarios se valoraron una serie de factores relacionados con la salud, como por ejemplo el consumo de tabaco y el índice de masa corporal, así como diversos parámetros bioquímicos que proporcionan información muy valiosa acerca de las posibles enfermedades cardiovasculares o metabólicas que contribuyen a adelgazar nuestro futuro.

Tras realizar los correspondientes análisis de los polimorfismos genéticos presentes en estos casi trescientos mil representantes de nuestra especie mediante el empleo de una técnica rápida y muy eficaz llamada GWAS (siglas en inglés de Genome Wide Association Study),* los investigadores detectaron la existencia de tres variantes genéticas directamente asociadas con el bienestar subjetivo. Estas variantes se denominan rs3756290, rs2075677 y rs4958581, y se encuentran localizadas en los genes *RAPGEF6*, *CSE1L* y *NMUR2*, respectivamente. Por el momento, no se tienen más datos sobre los mecanismos biológicos que determinan que los portadores de las variantes de estos tres genes tengan una mejor percepción de su salud emocional. Resulta muy interesante que estos tres genes se expresen en el cerebro, pues esto podría explicar la influencia de sus variantes sobre el comportamiento humano. Sin embargo, estos genes que podrían modular la felicidad también funcionan en tejidos como el páncreas o las glándulas suprarrenales, donde pueden tener un efecto neurológico indirecto. Así, estas variantes génicas inclinadas a la felicidad pueden modificar la función normal de esos tejidos productores de hormonas así como la de otros mensajeros solubles que viajan por el torrente circulatorio de nuestro cuerpo hasta alcanzar el cerebro y modular su actividad en aspectos muy diversos, como por ejemplo la respuesta a la ansiedad y el estrés.

Estimulados por las conclusiones de este exigente estudio que nos habla con prudencia y rigor de la existencia de unas variantes genéticas que nos predisponen a la felicidad, continuamos recorriendo la literatura científica para tratar de encontrar algún aval adicional que nos permita sostener esta conclusión o incluso ampliarla. La siguiente parada de este largo viaje científico nos lleva a un estudio realizado por un investigador de la London School of Economics llamado Jan-Emmanuel De Neve. Su trabajo partió de una muestra representativa de 2574 adolescentes americanos, en los cuales se detectó una asociación significativa entre una variante del gen *SLC6A4* y la sensación de bienestar subjetivo. En este caso, parece que existe una relación obvia entre los aspectos moleculares y los aspectos emocionales de los hallazgos, que por otra parte resulta sumamente sugerente.[5]

Como tantos otros genes presentes en nuestro genoma, el gen *SLC6A4* tiene una denominación oficial un tanto críptica, que refleja el exagerado o intransigente academicismo de que hacen gala algunos de los investigadores que ponen nombre a los genes. Nuestro propio laboratorio, que en la era pregenómica había descubierto y puesto nombre a más de sesenta genes humanos nuevos, vivió con estupefacción el hecho de que algunos de estos genes fueron posteriormente rebautizados por seudoexpertos oficiales que no tuvieron nada que ver con su descubrimiento ni proporcionaron ninguna clave sobre su funcionamiento. Más allá de esta situación, que probablemente ofendería a brillantes nombradores españoles como el poeta Fernando Beltrán, conviene recordar que *SLC6A4* es en realidad el gen que lleva las instrucciones para producir una proteína encargada de transportar la serotonina, ese mágico neurotransmisor asociado a la jovialidad y a la felicidad.

El gen *SLC6A4* muestra dos variantes de notable interés en su región promotora, ese interruptor molecular colocado delante de nuestros genes que determina cuándo, dónde y con qué intensidad debe funcionar cada uno de ellos. Una de las variantes de este promotor génico (cuyo nombre es *5-HTTLPR*) tiene una longitud de 528 nucleótidos o letras genómicas y se denomina «alelo largo», mientras que la forma alternativa posee 484 nucleótidos y se conoce como «alelo corto». Debemos recordar que los alelos son las dos copias que tenemos de cada uno de los genes presentes en el genoma, una heredada de nuestro padre y la otra de nuestra madre. Así, en este particular caso, algunos individuos llevarán en su genoma dos alelos largos de *5-HTTLPR*, otros tendrán dos alelos cortos y el resto uno de cada tipo. Las dos variantes génicas producen la misma proteína transportadora de serotonina, pero el alelo largo realiza esta tarea con mucha mayor eficiencia, lo cual hace que este neurotransmisor del optimismo se encuentre más disponible en nuestras células nerviosas. El estudio del doctor De Neve demostró que el alelo largo de *5-HTTLPR* era más frecuente en los individuos que referían un mejor estado de bienestar personal. Este resultado despertó una enorme curiosidad y una gran atención, pero para ganar credibilidad tenía que ser replicado en otras poblaciones.

El propio grupo de investigación del doctor De Neve ha tratado de extender sus estudios a otras muestras de individuos y hasta ha llegado a analizar una cohorte de más de mil pares de gemelos. En términos generales, los resultados han confirmado que la versión larga de *5-HTTLPR* favorece la alegría de vivir y la capacidad de disfrutar de los acontecimientos positivos. Sin embargo, hay que resaltar que los cambios hallados son pequeños y no siempre significativos. Además, estudios realizados por otros grupos de investigadores, como el de la doctora Claudia M. Haase, de la Universidad Northwestern de Illinois, han señalado que los individuos portadores de la variante corta de *5-HTTLPR* no están irremediablemente condenados a ser más susceptibles a la negatividad. En realidad, estas versiones cortas parecen contribuir más bien a una amplificación de las emociones que afecta tanto a las sensaciones alegres como a las tristes y que, paradójicamente, puede traducirse en una mayor susceptibilidad a la depresión crónica pero también a la risa más estruendosa.[6] Por todo ello, y aunque, según indican algunos datos, las variantes presentes en el transportador de la serotonina podrían influir en nuestra propia percepción del bienestar emocional, parece inevitable concluir que debemos continuar buscando otros factores genéticos de predisposición a la felicidad.

El gen *FAAH* es la siguiente parada de este barco que navega por el genoma humano buscando los genes de la felicidad como si fuera la nave fluvial que, en los tiempos del cólera, llevaba a Fermina Daza y Florentino Ariza aguas arriba y aguas abajo por un río caribeño en pos de su propia felicidad. Un estudio realizado por Michael Minkov (de la Universidad Técnica de Varna, en Sofía, Bulgaria) y Michael Harris Bond (de la Universidad Politécnica de Hong Kong) ha llegado a la conclusión de que una variante del gen *FAAH*, que codifica la proteína llamada amida hidrolasa de ácidos grasos, está directamente relacionada con la sensación subjetiva de bienestar.[7] Esta variante se denomina rs324420, o, de manera mucho más sencilla, alelo A, y únicamente implica el cambio de una C por una A entre los miles de letras genómicas que conforman el citado gen. Este cambio conduce a la producción de una proteína ligeramente distinta a la original, pero mucho menos activa en la destrucción o eliminación de la anandamida, un cannabinoide endógeno que ya hemos mencionado anteriormente y que está relacionado con el placer, pues incrementa las emociones positivas y disminuye la percepción del dolor. Por tanto, las poblaciones humanas en las que predomina el alelo A del gen *FAAH* tienen en su organismo más cantidad de anandamida y, por ende, una percepción más positiva de la vida.

Estudios genéticos llevados a cabo recientemente con ratones mutantes han proporcionado un soporte adicional al valor de las variantes del gen *FAAH* como elemento facilitador de la felicidad. La generación de ratones modificados genéticamente ha constituido un objetivo fundamental de la biomedicina desde que Oliver Smithies, Martin Evans y Mario Capecchi desarrollaron una tecnología de recombinación genética que permitía eliminar unos genes concretos o introducir mutaciones específicas en el genoma del ratón. Este trabajo, por el que estos tres destacados investigadores recibieron el Premio Nobel de Medicina en 2007, abrió el camino a la creación de modelos animales de enfermedades humanas en los que pudieran definirse los mecanismos que las causan y desarrollar medicamentos para su tratamiento. La ciencia avanza a una velocidad vertiginosa, y esta metodología tan reciente y tan importante ya está comenzando a ser reemplazada por los modelos celulares basados en la reprogramación de Yamanaka o por los modelos animales generados mediante la técnica de CRISPR/Cas9 que hemos presentado antes como nuevos elixires de felicidad. En cualquier caso, muchos laboratorios todavía siguen usando las técnicas de recombinación para crear ratones mutantes que les permitan estudiar todo tipo de problemas biomédicos.

Este ha sido precisamente el caso del trabajo que pretendía evaluar el comportamiento de los ratones mutantes portadores de la variante rs324420 (o alelo A) en el gen *FAAH*. Estos ratones fueron creados por investigadores de la Universidad de Cornell en Nueva York y los resultados obtenidos tras su análisis fueron muy llamativos.[8] Así, y tal como sucede en los humanos, los ratones en cuyo genoma se ha introducido el alelo A del gen *FAAH* tienen menos actividad en este gen y, por tanto, muestran una mayor disponibilidad cerebral de anandamida, ese endocannabinoide que actúa como estimulante natural. Además, los estudios de comportamiento indican que los ratones con el alelo A tienen menos miedo y menos ansiedad ante situaciones estresantes que sus compañeros de camada sin este alelo mutante. En conjunto, estos resultados indican que los ratones en los que se ha introducido en su genoma el alelo A del gen *FAAH* son un buen modelo para la investigación *in vivo* de la influencia de los genes en el comportamiento, y avalan la idea de que esta variante génica promueve aspectos anímicos positivos en la personalidad humana. De hecho, se han iniciado ya diversos estudios dirigidos a bloquear la proteína codificada por el gen *FAAH* con la esperanza de aumentar los niveles endógenos de anandamida y estimular la recuperación de la armonía molecular en pacientes con ansiedad o depresión.

Hay otros genes humanos que podrían figurar en la selecta lista de los genes de la felicidad, pero sus credenciales suelen derivar de estudios indirectos y no parecen todavía lo suficientemente sólidas. Este es el caso del gen *VMAT2*, que durante un tiempo fue objeto de una gran atención e incluso llegó a ser definido con el sobrecogedor y grandilocuente nombre de «el gen de Dios».[9] Fueron los estudios del genetista americano Dean Hamer, que pretendía buscar el sustrato genético de la espiritualidad, los que pusieron de manifiesto la relevancia de este gen para el comportamiento humano. Este tipo de investigaciones tienen sin duda un enorme interés, pues sean cuales sean nuestras creencias particulares, la espiritualidad humana, que no debe confundirse con la religiosidad, forma parte de nuestro acervo biológico y cultural, y se asocia frecuentemente a estados de bienestar emocional. Así, los hipotéticos genes relacionados con la espiritualidad podían suministrar claves importantes acerca de la base genética de la felicidad.

De nuevo, los augurios sobre esta aventura de exploración científica de *terra incognita* eran de lo más pesimistas, pues parecía improbable que uno o varios genes pudieran ser responsables de un fenómeno tan complejo y heterogéneo como la conducta espiritual o el sentido de trascendencia de los humanos. Sin embargo, el doctor Hamer siguió adelante con su apuesta científica y, después de realizar varias investigaciones como las detalladas anteriormente, basadas en el empleo de cuestionarios sobre distintos aspectos de la personalidad y en la realización de análisis genéticos a los sujetos participantes en el estudio, llegó a la conclusión de que la variante A33050C presente en el gen *VMAT2* predispone a la espiritualidad. Así, los individuos portadores de una o dos copias del alelo espiritual (en este caso, el alelo C) mostraban mayores niveles de trascendencia en esta materia. Lógicamente, una conclusión tan rimbombante como esta exigía pruebas contundentes antes de ser aceptada.

El examen inicial de las funciones de la proteína codificada por el gen *VMAT2* avalaba en cierta medida la conclusión de Hamer. Esta proteína actúa sobre la manera en que se empaquetan y distribuyen en el cerebro las monoaminas, un conjunto de neurotransmisores utilizados por las células nerviosas para dialogar entre sí. La serotonina, de la que ya hemos hablado anteriormente, es una de estas monoaminas, pero existen otras, como la dopamina, la adrenalina, la noradrenalina y la melatonina, y todas ellas tienen funciones muy diversas en el sistema nervioso. Por ello, el hecho de que exista una variante más activa en el manejo cerebral de todas las monoaminas y no solo de una de ellas podía parecer un ingenioso logro evolutivo en el camino del bienestar emocional. De hecho, con el paso del tiempo nuestra especie aprendió que se podía conseguir un efecto parecido usando fármacos como el Prozac, el antidepresivo más famoso del planeta, también conocido como la «droga de la felicidad», porque es capaz de aumentar los niveles de serotonina.

Tanto en la medicina como en la ciencia, para demostrar algo no basta con establecer correlaciones entre acontecimientos distintos; hay que arbitrar estrategias que permitan encontrar nexos causales entre ellos. Con objeto de avanzar en la tortuosa ruta que lleva de la casualidad a la causalidad, y de manera análoga a lo expuesto sobre el gen *FAAH*, se crearon ratones modificados genéticamente que tenían una baja actividad del gen *VMAT2*. Los resultados demostraron que esta deficiencia tenía muchos efectos negativos en los ratones, que en un principio presentaban anomalías en su propio desarrollo, para después permanecer poco activos y morir antes de llegar a la edad adulta. Curiosamente, sus síntomas eran parecidos a los mostrados por los enfermos de párkinson. Al investigar lo que sucedía en el cerebro de estos ratones mutantes se descubrió que, como consecuencia de la deficiencia de *VMAT2*, las monoaminas eran eliminadas a un ritmo mucho mayor que en los ratones normales, y de ahí que sus efectos no tuvieran la duración e intensidad precisas.[10] En suma, estos experimentos demostraban que el gen *VMAT2* era importante en términos funcionales para la actividad neurológica y para el comportamiento, pero todavía dejaban abierta la cuestión de su relación con la espiritualidad.

El trabajo acerca del valor de *VMAT2* como gen de la espiritualidad no ha resistido bien el paso del tiempo: ya en sus comienzos suscitó críticas científicas por la sobrevaloración de los datos preliminares, y posteriormente no se ha publicado ningún otro estudio que haya desarrollado o replicado sus observaciones en otras poblaciones. Los líderes de las diversas comunidades religiosas tampoco escatimaron críticas; ellos rechazaban este tipo de investigaciones sobre la base de que la iluminación espiritual se consigue por medio de la gracia divina, no por obra de impulsos eléctricos cerebrales orquestados por un inexistente «gen de Dios».

En suma, la relevancia del gen *VMAT2* en el contexto de la espiritualidad parece mucho menor de la anunciada, pero eso no desmerece la idea de que la espiritualidad sea una cualidad que viene escrita parcialmente en nuestro genoma. La existencia de las creencias espirituales tiene una clara base evolutiva, ya que incrementan las posibilidades de supervivencia hasta la edad reproductiva al proporcionar a la persona fuerza y sentido para superar las adversidades y las pérdidas, y por tanto ayudan a reducir el estrés, a prevenir algunas enfermedades y a aumentar la esperanza de vida. Nuestros genes nos predisponen a la creencia espiritual, aunque, como bien señala el propio Dean Hamer, los genes no nos dicen en qué o en quién debemos creer. La religiosidad, por el contrario, tiene un importante componente sociocultural que no se transmite por los genes sino por medio de los memes, que —además de los chistes visuales que circulan por Internet— son las unidades teóricas de información cultural que según Richard Dawkins se transmiten de un individuo a otro, o de una mente a otra.

Uno de los valores adicionales del controvertido trabajo de Dean Hamer fue que impulsó nuevas vías de discusión acerca del valor relativo de la espiritualidad y la religiosidad en la adquisición de nuestra sensación de bienestar. Para reflexionar sobre ello basta con escuchar cualquiera de las grandes obras de la música clásica inspiradas en la espiritualidad de sus compositores. Suena ahora el *Ave María* de Schubert, una de mis obras favoritas en este sentido, y, mientras tanto, continúo pensando en los genes de la felicidad. Me han preguntado muchas veces qué es la felicidad, pero casi nunca he dado la misma respuesta, pues depende del momento y el contexto en que se desarrolla la conversación. La felicidad se puede definir en positivo, y durante mucho tiempo yo mismo la he percibido como el resultado último de la armonía molecular, como una situación de equilibrio perfecto entre nuestro mundo interior y el entorno en el que se desarrolla nuestra vida.

Sin embargo, después de dar tantas vueltas alrededor del Sol en mi laboratorio asturiano, he logrado entender que también se puede hablar de la felicidad en términos de carencia de alguna condición o cualidad que afecta a nuestra existencia. Así, a menudo he pensado que la felicidad no es otra cosa que la ausencia de enfermedad, de miedo o de dolor. En capítulos anteriores hemos asumido que, dadas las imperfecciones moleculares de nuestro organismo, tarde o temprano, la enfermedad acabará acudiendo a nuestra vida, pero me pregunto cómo sería nuestra existencia sin miedo y sin dolor. Si pudiéramos conocer los genes que producen estos dos agentes tóxicos contra el bienestar y anular sus efectos, tal vez pudiéramos encontrar una manera indirecta de progresar en nuestro cotidiano afán de felicidad.

Miedo: estamos rodeados de miedo y de miedos, una sensación que surgió durante la evolución humana como estrategia de protección, pero que se quedó para siempre enredada y atrapada entre los pliegues y circunvoluciones de nuestro cerebro. Miedos reales y miedos imaginarios, miedo a la vida y miedo a la muerte, miedo al presente y miedo al futuro, miedo al mundo y miedo a uno mismo, miedo a la sociedad y miedo a la soledad, miedo a otros y miedo por otros, miedo a hablar y miedo a callar, miedo a pensar y miedo a sentir. Repaso mi vida y recuerdo mis primeros miedos; el más recurrente que acude ahora a mi mente es un temor inducido por una situación familiar muy común en mi infancia. Mis abuelos vivían en una típica casa de pueblo dotada de una gran bodega, una estancia en la que se almacenaban todo tipo de enseres, así como los alimentos que se consumían durante el largo invierno pirenaico. La bodega era fría y oscura, y mi abuela me enviaba allí de vez en cuando para buscar cosas de lo más variopinto. Todavía recuerdo el terror que me producían las expediciones a ese lugar que entonces me parecía amenazante y tétrico, pero que con los años y el paso por la adolescencia acabó por convertirse en un espacio atractivo y curioso. Esta evolución personal se extendió a los miedos posteriores de mi vida, cuyos desencadenantes fueron cambiando, y con el tiempo estos temores se hicieron más sofisticados y terminaron siendo miedos sociales y mucho más reales que los que me provocaban los habitantes imaginarios de la bodega de mis abuelos.

Nunca he trabajado en la investigación de las bases bioquímicas del miedo, así que no me queda más remedio que acudir de nuevo a la literatura científica en busca de pruebas sobre los hipotéticos genes del miedo. Y ahí, en ese baúl gigantesco de información infinita pero conocimiento limitado, se encuentran varias referencias a una extraña patología humana, la enfermedad de Urbach-Wiethe, que se caracteriza por el hecho de no sentir miedo.[11] La neurofisiología nos ha enseñado que los mecanismos que desencadenan la sensación de miedo se encuentran en el cerebro y en el sistema límbico: juntos regulan las acciones básicas que hacen posible nuestra supervivencia (respirar y comer, por ejemplo), así como las emociones que contribuyen a la preservación del individuo, entre las cuales figuran la lucha, la paralización y hasta la huida. El sistema límbico integra la información percibida por los sentidos a través de una diminuta estructura anatómica con forma de almendra llamada amígdala cerebral, que controla emociones tan básicas y contrapuestas como el afecto y el miedo. Así, cuando en esta se activa la hormona de la vasopresina se provoca una sensación de miedo, pero cuando se produce oxitocina lo que se genera es una sensación de afecto.

Con esta información básica, podemos entender por qué los pacientes con la enfermedad de Urbach-Wiethe no tienen miedo. Los análisis genéticos llevados a cabo en los pocos individuos que sufren esta patología han demostrado que se trata de una enfermedad de herencia recesiva causada por las mutaciones producidas en el gen *ECM1*. Este gen del cromosoma 1 codifica una proteína de la matriz extracelular que contribuye a generar consistencia en los tejidos. Sin embargo, la forma mutante de esta macromolécula provoca la acumulación de depósitos de calcio en algunos órganos, entre ellos el propio cerebro. Estas calcificaciones pueden llegar a afectar a la amígdala cerebral, que pierde su frescura e hidratación natural, comienza a resecarse y acaba por abdicar de su función como centro impulsor del miedo. Una de las pacientes que ha sufrido esta situación durante sus más de cuarenta años de vida es la conocida como S. M., de la que solo se mencionan las iniciales de su nombre para preservar su intimidad. Esta paciente ha atraído durante años la curiosidad científica y médica, y resulta verdaderamente impactante oír cómo en una entrevista en la que se le preguntaba «¿Qué es el miedo?», ella cándidamente responde: «No lo sé». Luego cuenta que, de niña, cuando su amígdala cerebral todavía conservaba una funcionalidad mínima, había tenido percepciones negativas del miedo a raíz del contacto con algún animal agresivo, pero al cabo de un tiempo el temor desapareció para siempre de su vida. S. M. contaba también que en la adolescencia había sufrido un ataque con arma blanca y que ni siquiera en esa situación extrema había experimentado la menor sensación de miedo.

Sin embargo, un reciente trabajo dirigido por Justin Feinstein en la Universidad de Iowa y publicado en la revista *Nature Neuroscience* ha demostrado de una manera completamente inesperada que, pese a todo lo dicho hasta ahora, S. M. puede llegar a sentir miedo.[12] En ese trabajo, tres pacientes que sufrían la enfermedad de Urbach-Wiethe, entre ellos la propia S. M., fueron sometidos a unas pruebas que provocan reacciones de miedo, fobia, terror o pavor en la población normal, según el umbral de percepción sensorial de cada cual. Estas pruebas abarcaban desde la contemplación de imágenes dramáticas o espeluznantes hasta el contacto directo con arañas o serpientes, dos de los animales que habitualmente generan sensaciones de pánico en la especie humana. Como cabía esperar, S. M. permaneció impertérrita ante esta colección de estímulos horrorosos, hasta que los investigadores la sometieron (¡asumo que con su total consentimiento!) a una situación inducida de asfixia valiéndose de altas concentraciones de dióxido de carbono. En condiciones normales, la amígdala cerebral induce una reacción de miedo cuando detecta una acidez de la sangre que ha sido causada por la elevada concentración de algunos gases, como por ejemplo el dióxido de carbono. La hipótesis de trabajo era que los pacientes que sufrían la enfermedad de Urbach-Wiethe permanecerían impasibles, ya que presentaban graves daños en la amígdala, mientras que los voluntarios sanos mostrarían síntomas de asfixia y de pánico. Pero, contra todo pronóstico, los pacientes aquejados de la enfermedad de Urbach-Wiethe se sintieron asfixiados e incluso con miedo a morir. Así, cuarenta y cuatro años después de venir al mundo, la paciente S. M. había sentido por fin miedo de verdad.[13]

Este reciente experimento nos lleva a pensar que no todos los caminos del miedo pasan por la amígdala, ya que el temor puede estar inducido por unas sensaciones concretas que pasan por rutas bioquímicas y sensoriales alternativas. Sin embargo, mientras los expertos especulan sobre los lugares donde se esconden esos otros miedos innatos o adquiridos en nuestra anatomía, me doy cuenta de que, lamentablemente, todavía nadie le ha preguntado a S. M. cómo percibía ella la felicidad tras tantos años sin miedo. Imagino así a S. M. en una situación semejante a la vivida por uno de mis campeones de la felicidad, el tribuno romano Marco Flaminio Rufo, que solo fue feliz cuando por fin consiguió recuperar la mortalidad. Sería fascinante escuchar de nuevo la voz rasgada de S. M. en una conversación atemporal con el propio Marco y oírle decir que después de tantos años había recuperado la sensación de miedo y que por fin era feliz.

En cualquier caso, no resulta muy atrevido concluir que las alteraciones en el gen *ECM1* pueden contribuir de manera indirecta a rebajar la percepción del miedo en la especie humana. Este hecho no es baladí si consideramos que, aunque el miedo sea uno de los instintos básicos proporcionados de manera temprana por la evolución biológica, en la época moderna surge habitualmente por vías distintas a las de la lucha por la supervivencia. Por eso, no sería descabellado pensar en la posibilidad de acomodar nuestro genoma a una situación más acorde con la era del Antropoceno, al menos en lo que a miedos, fobias, terrores, pavores y pánicos se refiere. En este sentido, una hipotética modificación del gen *ECM1* podría tener efectos secundarios muy graves, pero una alteración tisular que vaya dirigida a las células de la amígdala podría ser beneficiosa para los humanos o poshumanos del futuro lejano. Animado con esta perspectiva más cercana a la ficción que a la realidad, retomo la revisión de la literatura científica sobre otros posibles genes del miedo y aterrizo de pleno en un candidato fascinante: el gen *STMN1*.

Los ratones, al igual que los humanos, nacen con la capacidad de detectar el peligro gracias a las funciones características de la amígdala cerebral, el lugar donde se refugian la mayoría de nuestros miedos. Una de las proteínas más abundantes en la amígdala es la denominada estatmina, codificada por el gen *STMN1* y encargada de controlar el desarrollo de estructuras que sirven de soporte molecular para el establecimiento de conexiones neuronales. A partir de estos datos, Gleb Shumyatsky y sus colaboradores de la Universidad de Rutgers en Estados Unidos se preguntaron cómo se comportarían los ratones si se eliminaba de su genoma el gen *STMN1*, suprimiéndose así la producción de estatmina.

Tras realizar los típicos experimentos de recombinación homóloga descritos anteriormente y crear los ratones mutantes deseados, se pudo observar que los ratones carentes de estatmina eran animales muy osados, pues mostraban graves defectos en su capacidad de percepción del miedo. De especial interés fue el hecho de que las hembras de los ratones sin estatmina fueran incapaces de evaluar correctamente las posibles amenazas para su camada, lo cual hacía que no les proporcionaran los cuidados necesarios y que no escogieran el emplazamiento más adecuado para sus pequeñas madrigueras. Los experimentos dirigidos a examinar el comportamiento ante el peligro de los ratones mutantes y de sus hermanos normales también fueron concluyentes. En estos trabajos, se entrenó a los animales para que asociaran determinadas actividades a la recepción de una descarga eléctrica que era anticipada por una señal acústica. Una vez asociados estos dos hechos en su memoria, los ratones normales quedaban paralizados por el miedo en cuanto oían la alarma sonora. En cambio, los ratones sin el gen *STMN1* hacían caso omiso de la señal que anticipaba la descarga eléctrica y seguían sin preocupación alguna con su vida habitual. Además, estos ratones mutantes eran mucho más activos en la búsqueda y exploración de nuevos objetos y nuevos espacios. Podríamos pensar que la ausencia del gen *STMN1* provocaba un defecto sustancial en la memoria del animal, pero no era el caso, pues los ratones mutantes se comportaban con normalidad en lo que atañe al aprendizaje y desarrollo de actividades que exigen elaboración de recuerdos.[14]

En suma, la eliminación de un solo gen del genoma del ratón es suficiente para convertir ratones sensatos y prudentes en ratones felices y atrevidos que no parecen experimentar miedo. Siguiendo el modelo de John Steinbeck, que recogió su Premio Nobel de Literatura el mismo día de 1962 que James Watson y Francis Crick recibieron el Nobel de Medicina por descubrir la estructura helicoidal del ADN, había que convertir esta historia protagonizada exclusivamente por ratones en otra «de ratones y hombres». En efecto, esta investigación con modelos animales ha abierto nuevas vías en la prevención y el tratamiento de los cuadros de ansiedad y pánico típicos de pacientes con estrés postraumático. La idea subyacente era el diseño de medicamentos capaces de reducir la actividad de la estatmina en la amígdala cerebral y ayudar así a controlar o distraer los miedos exagerados y las angustias innecesarias que nos llevan al lado oscuro de la vida. Por último, este trabajo nos permite considerar el gen *STMN1* como un nuevo candidato de la ecuación genómica de la felicidad que comenzaremos a tratar y describir unos párrafos más abajo.

Convencido de que, al menos en parte, la felicidad es la ausencia de miedo, decido extender un poco más allá la idea de la conexión de los distintos mundos sensoriales y me pregunto si hay alguna base genética que me permita afirmar que la felicidad es también ausencia de dolor. Demostrando una vez más que la naturaleza es incansable en su capacidad de crear seres humanos portadores de todo tipo de mutaciones, la literatura científica recoge numerosos casos de familias de todo el mundo con enfermedades que imposibilitan la percepción de cualquier forma de dolor.[15]

Los primeros estudios moleculares en este ámbito fueron llevados a cabo por Geoffrey Woods, un genetista inglés que trabajaba en Yorkshire, lugar al que habían emigrado numerosos paquistaníes con lazos directos de consanguinidad en sus matrimonios. Allí tuvo la oportunidad de conocer a varias familias cuyos hijos mostraban múltiples heridas y fracturas, muchas de ellas causadas aparentemente por ellos mismos, incluida la automutilación de la lengua. El nexo común de todos estos niños era el padecimiento de una extraña afección llamada «analgesia congénita», que se caracteriza por la ausencia de dolor ante una serie de daños físicos que a cualquiera de nosotros nos resultarían insoportables. Según los análisis genéticos, estos niños portaban mutaciones en el gen *SCN9A*, codificante de un canal iónico que participa en la transmisión de impulsos eléctricos al cerebro. La presencia de mutaciones en este canal impide su correcto funcionamiento y por ello deja de enviar al cerebro las señales de respuesta precisas ante cualquier estímulo doloroso. Niños de distintos rincones del planeta tienen mutaciones diferentes en este mismo gen y también sufren insensibilidad congénita al dolor. Un caso muy especial es el de Ashlyn Blocker, una niña americana que ni siquiera lloró al nacer. Resulta conmovedor el relato que hace ella misma de su enfermedad y de su incapacidad para percibir las temperaturas extremas, lo cual le hizo quemarse las manos o abrasarse a menudo la boca cuando era niña. Además, cuando se le pregunta si experimenta dolor al percibir unos estímulos físicos controlados, su respuesta es siempre la misma: «¿Dolor? ¿Y eso qué es?».[16]

Ashlyn Blocker ha sido objeto de un amplio seguimiento psicológico para explorar sus percepciones emocionales, y la conclusión de estos estudios es que se trata de una niña llena de sensibilidad y de emotividad. Ashlyn es capaz de mostrar empatía ante las adversidades de su entorno y de sentir la calidez de un abrazo o la tristeza de una pérdida. Estudios paralelos en otras familias con analgesia congénita han ampliado el espectro de genes cuyas mutaciones pueden causar esta enfermedad. Entre ellas destaca la familia italiana de los Marsili, que ha recibido una enorme atención mediática y cuyos seis miembros afectados portan mutaciones en el gen *ZFHX2*, codificante de un factor de transcripción relacionado con la señalización de impulsos dolorosos.

Curiosamente, los ratones mutantes en los que se ha introducido la misma mutación en el gen que causa la enfermedad de la familia Marsili presentan notables alteraciones en su percepción sensorial, e incluso una completa insensibilidad a las altas temperaturas. Los genes *SCN9A* y *ZFHX2* no son los únicos cuyas mutaciones causan analgesia congénita. En otras familias de orígenes distintos, los genes mutados son el *PRDM12* y el *NTRK1*, ambos implicados en funciones relacionadas con el desarrollo y la maduración del sistema nervioso, lo cual indica una vez más que a una enfermedad se puede llegar por distintos caminos.

Más allá de la gran curiosidad científica y de la empatía emocional que suscitan en muchos de nosotros los pacientes con estas graves y extrañas patologías, el estudio de la insensibilidad congénita a estímulos nocivos tiene el interés adicional de que puede ser de utilidad para el desarrollo de nuevos analgésicos que combatan el dolor crónico. Por ello, estos genes cuyas mutaciones causan analgesia congénita son dianas preferentes en el diseño de medicamentos que, evitando la tortura del dolor, impulsen la sensación de bienestar y felicidad. En cualquier caso, una vez más debe imponerse la prudencia, pues la ausencia de estos genes causa graves enfermedades, y su hipotética eliminación en un futuro suprahumano sería tan arriesgada como cuestionable. Pienso en Ashley y en otros niños con analgesia congénita y creo entender que para ellos el dolor es un don especial del que se ven privados desde su llegada a este mundo lleno de colores, olores y sabores, pero también de dolores esperando a ser percibidos.

Y así, el barco genómico de Fermina Daza y Florentino Ariza llega ahora a su destino final, que en realidad no es otro que el izar la bandera amarilla y seguir navegando arriba y abajo por el genoma para intentar progresar en esta búsqueda todavía tan preliminar e incompleta de genes que nos ayuden a aumentar nuestra percepción de la felicidad. Reviso las notas de nuestro viaje y encuentro algunos nombres de genes candidatos que, de una u otra manera, nos han dado claves en este sentido. El paso del tiempo y la investigación científica pondrán a cada cual en su lugar, pero creo que este viaje al centro de los genes de la felicidad nos puede dejar al menos un regalo inesperado: el deseo de construir la primera fórmula genómica de la felicidad.

Diversos autores han tratado de racionalizar, parametrizar o formular la felicidad, aunque todos ellos se han centrado en la inclusión en sus respectivas fórmulas de aspectos que recogen datos de la personalidad o rasgos de comportamiento. Tras abandonar su puesto ejecutivo en Google, Mo Gawdat se ha dedicado a desarrollar «el algoritmo de la felicidad», que según él estaría compuesto por seis «grandes ilusiones» (pensamiento, yo, conocimiento, tiempo, control y miedo), todas ellas relacionadas con nuestra percepción del mundo, y siete «ángulos muertos» (filtros, suposiciones, predicciones, recuerdos, etiquetas, emociones y exageraciones) que nos arrastran hacia la infelicidad. Por su parte, Eduard Punset establece una fórmula de la felicidad que sería el resultado de dividir los «factores significativos» (emociones, mantenimiento, búsqueda y relaciones personales) por la suma de los factores reductores y la carga heredada.

Nuestro enfoque, sin embargo, es muy diferente. Repaso con calma los genes cuyas variantes favorecen la percepción del bienestar emocional, así como aquellos cuyas mutaciones crean estados que indirectamente generan felicidad. Con mano insegura cojo un clarión blanco, que es el nombre que mi padre daba a las tizas, me acerco a una de esas pizarras en las que el físico Richard Feynman y la mítica Elektra du Clark escribían sus complejas fórmulas, y me dispongo a componer mi particular e imperfecta fórmula genómica de la felicidad.

Felicidad = *RAPGEF6* (rs3756290/rs3756290) + *CSE1L* (rs2075677/rs2075677) + *NMUR2* (rs4958581/rs4958581) + *5-HTTLPR* (largo/largo) + *FAAH* (A/A) + *VMAT2* (C/C) + *ECM1* (amígdala -/-) + *STMN1*(amígdala -/-) + *SCN9A/ZFHX2/PRDM12/NTRK1* (niveles reducidos de expresión) + ...

Dejo el clarión sobre la mesa, me alejo un poco de la pizarra y trato de buscar la posible belleza escondida en esta ecuación genómica de la felicidad. Con este propósito, sigo las pautas que aprendí de Lluís Torner cuando me enseñó a apreciar la magia y la armonía que contienen las ecuaciones principales de la física. Asumo serenamente las limitaciones de esta primera ecuación genómica y me digo a mí mismo que los factores introducidos son todavía demasiado pocos y que algunos no están universalmente validados, aunque enseguida percibo una deficiencia aún mayor.

Hoy sabemos que la felicidad, como cualquier emoción humana, es el resultado de la interacción exquisita y continua entre factores genéticos y factores ambientales. La colaboración entre ellos es tan estrecha que en realidad deben ser los componentes inseparables de una misma ecuación. Robert Sapolsky, en su extraordinario libro *Compórtate: la biología que hay detrás de nuestros mejores y peores comportamientos,* nos recuerda que no se pueden distinguir los aspectos conductuales definidos como biológicos de aquellos otros que se describen como psicológicos o culturales. Y sí, claro que los genes son regulados por el entorno, pero este es un concepto tan difuso como grandioso, pues abarca todo lo imaginable, desde lo que acontece en el minúsculo interior de una célula a lo que ocurre en el universo mayúsculo.

En cualquier caso, en capítulos anteriores hemos explicado que estas interacciones deben seguir unas reglas que están mediadas por los demás lenguajes de la vida y, fundamentalmente, por los lenguajes epigenómicos y metagenómicos, que interpretan los mensajes del ambiente y los sintonizan con el lenguaje genómico en cada uno de los instantes de nuestra existencia. Por tanto, para ajustar la ecuación genómica de la felicidad deberíamos examinar cómo los otros lenguajes de la vida pueden llegar a influir sobre nuestro bienestar emocional.

CAPÍTULO 10

Los otros lenguajes de la felicidad

El acalorado debate entre genetistas y ambientalistas acerca de las claves del comportamiento humano no tiene mucho sentido a la luz del conocimiento científico actual. Hoy sabemos que genes y ambiente son dos términos que forman parte de la misma ecuación de la vida. La influencia ambiental, tanto la interna como la externa, comienza en el propio desarrollo prenatal y después se extiende a todas las etapas posnatales sin excepción. Cada alimento que ingerimos, cada bocanada de aire que tomamos, cada cambio de temperatura que experimentamos, cada radiación natural o artificial que recibimos, cada agente tóxico con el que interaccionamos y cada compuesto químico que generamos como consecuencia de nuestro metabolismo, de nuestro aprendizaje, de nuestros pensamientos y de nuestras emociones tienen el potencial de modificar la información genética. Dependiendo del tipo, frecuencia e intensidad de estas influencias ambientales, el lenguaje genómico puede verse tan gravemente afectado que al final se producirán mutaciones somáticas causantes de procesos tales como los del cáncer o el envejecimiento. Sin embargo, lo habitual es que la influencia ambiental no afecte directamente a la información contenida en nuestro genoma, sino que actúe de manera indirecta a través de los cambios epigenómicos y metagenómicos.

Hoy es ya indiscutible que los lenguajes epigenómicos y metagenómicos son esenciales para entender la vida y las enfermedades. Sin embargo, solo en los últimos años se ha podido progresar en el estudio de la relevancia de los estados dinámicos del epigenoma y del metagenoma para la percepción de la felicidad. Recordemos que los cambios epigenómicos o epigenéticos hacen referencia a alteraciones químicas en los patrones de metilación del genoma o en las proteínas que lo pliegan y empaquetan. Estas alteraciones no provocan mutaciones, pero modifican sustancialmente la forma en que se expresa la información del genoma, de manera que, tras sufrir estos cambios epigenómicos inducidos por efectos ambientales, algunos genes se activan y se ponen en funcionamiento, mientras que otros se inhiben y entran en silencio. A su vez, los cambios metagenómicos o metagenéticos se refieren a todas las alteraciones que afectan al microbioma, el conjunto de microorganismos que nos cohabitan.

Trabajos realizados por el neurólogo Rudolph Tanzi y sus colaboradores en la Universidad de Harvard han demostrado que el estado epigenético tiene una influencia sustancial en la sensación subjetiva de bienestar. Estos trabajos se han centrado en la investigación de los efectos de la meditación o de otras experiencias relajantes en los programas de expresión génica. Genes relacionados con la inflamación rebajan sus niveles de expresión y actividad tras sufrir cambios epigenéticos. Dado que un exceso de actividad de estos genes provoca daños en los tejidos y órganos del cuerpo, la disminución de su actividad mediante la meditación mejora el estado general de salud y aumenta la sensación de bienestar subjetivo.[1]

Resultados similares se han obtenido en estudios realizados por el grupo de Steven Cole en la Universidad de California, en Los Ángeles, cuando trabajaron con ochenta personas clasificadas por ellos mismos como altruistas o hedonistas. Según sus resultados, el estado anímico positivo afecta a los genes del sistema inmune, de manera que el bienestar personal derivado del altruismo estaría relacionado con la notable disminución de la expresión de los genes característicos de la respuesta inflamatoria y con el incremento de actividad de numerosos genes relacionados con la defensa inmunológica frente al ataque de virus y bacterias.[2]

La existencia de cambios positivos en los patrones de expresión génica por obra de un entorno favorable vendría además avalada por una curiosa actividad japonesa llamada *shinrin-yoku** o baños de bosque, que consiste en dar un largo y relajado paseo por alguno de los bosques que cubren el 70 % de la superficie de Japón. El paseo va acompañado de ejercicios de respiración, relajación, coordinación y psicomotricidad dirigidos por monitores expertos que instan a los paseantes a seguir seis principios básicos: «Respira, relájate, camina, toca, escucha y recupérate». Esta práctica se inspira en las tradiciones budistas y sintoístas que promulgan la plena comunicación sensorial con la naturaleza, y comenzó a extenderse tras la demanda de una vida más tranquila y serena por parte de una creciente población urbana que se halla sometida a niveles igualmente crecientes de autoexigencia, ansiedad y estrés. En 1982, Japón puso en marcha un programa nacional de fomento de la práctica del *shinrin-yoku*, y hoy son muchos millones de japoneses los que practican esta terapia natural. Estudios bioquímicos realizados en estos individuos han demostrado que los baños de bosque potencian el sistema inmune, reducen la producción de hormonas estresantes, disminuyen la presión arterial y mejoran considerablemente la sensación de bienestar emocional.

Estos ejemplos demuestran que, si bien la felicidad no se suele regalar, al menos se puede entrenar a través de actividades tales como el ejercicio regular de la meditación, la práctica del altruismo o los baños de naturaleza. Todo ello nos ofrece una gran esperanza acerca de la posible mejora de nuestro estado de felicidad básico. Incluso podemos imaginar estrategias para trasladar las nuevas ideas de la medicina personalizada al ámbito de la emoción y proponer la creación de una *felicidad de precisión*, adaptada a las necesidades de cada individuo. Mientras pienso en esta posibilidad, repaso mis días de felicidad plena y acude entonces a mi memoria uno de los que han quedado para siempre en esa lista personal que todavía no ha llegado al máximo de catorce días simbólicos concedidos a la especie humana desde tiempos de Abderramán III. El recuerdo de esa jornada tan especial me lleva a preguntarme si, además de entrenarse y personalizarse, la felicidad también se puede contagiar.

Fue en la isla de Zanzíbar, uno de mis paraísos particulares. Habíamos acudido allí en un viaje de vacaciones familiares, sin saber con certeza qué íbamos a encontrar en aquel lugar tan bello y luminoso, adornado por una fascinante historia multicultural entretejida de influencias árabes, persas, portuguesas, musulmanas y, por supuesto, africanas. Llegamos por la noche a un bonito alojamiento situado en la costa este. La atmósfera era cálida, aunque no asfixiante; todo era agradable y armónico, pero nada hacía prever lo que sucedería al día siguiente. Por la mañana temprano, como es habitual en mí, salí a encontrarme con la vida. En este caso, la vida estaba a pocos metros de distancia del lugar donde había dormido y era simplemente una inmensa playa de arena blanca que me recordaba al tiempo que describió Luis Cernuda, «ese blanco desierto ilimitado, esa nada creadora».[3] Me senté bajo una palmera y me puse a mirar, a pensar y a sentir. Al poco rato, la vida empezó a crecer; a lo lejos vi unas manchas multicolores que se aproximaban a ritmo pausado. Cuando estuvieron lo suficientemente cerca entendí que eran unas zanzibareñas vestidas con trajes tan bellos como sencillos que exploraban sin pudor todas las combinaciones cromáticas posibles. Supe entonces que eran recolectoras de algas y que acudían cada mañana a la playa para realizar una tarea que era la base de su economía.

De pronto, de aquella nada creadora comenzaron a surgir elegantes coreografías humanas recortadas contra un mar que con la ayuda del sol, las nubes y el viento empezó a adquirir todos los tonos azules del mundo: cobalto, zafiro, turquí, índigo, cian, glaciar, lavanda, aguamarina..., y también el azul de Chagall y el de Klein, el de Delft y el de Sèvres, el de Prusia y el de París, y así fueron compareciendo todos y cada uno de los azules como si fueran los invitados a la fiesta de *Qualsevol nit pot sortir el sol*, hasta que al final llegaron el azul de ultramar y el azul del cosmos, y se acabó el día.

Durante una semana apenas hice otra cosa que disfrutar una y otra vez del mismo espectáculo; así pude conseguir que uno de mis catorce días de felicidad plena durara mucho más de veinticuatro horas. Pasé el tiempo contemplando las multicolores geometrías humanas dibujadas sobre un mar incansable en su capacidad de generar variaciones tonales, como si fuera el gran Beethoven componiendo sus *Variaciones Diabelli* o nuestro genoma ejecutando, también incansablemente, el decisivo proceso vital del ayuste alternativo. Y fue allí, en Zanzíbar, en medio de aquellas geometrías humanas trazadas sobre fondo azul, donde supe también que la risa y la felicidad podían ser contagiosas.

Durante nuestra visita a Zanzíbar, la gran isla de Tanzania, tuve noticia de que en este mismo país se había producido muchos años antes una enigmática epidemia de risa. Todo comenzó el 30 de enero de 1962 en una escuela de niñas de la aldea de Kashasha, situada en la ribera occidental del lago Victoria. El brote afectó inicialmente a tres niñas, pero pronto se extendió por toda la escuela y llegó a afectar a la mayoría de sus 159 alumnas. Los síntomas tuvieron una duración variable, pero en algunos casos se mantuvieron durante más de dos semanas, tiempo en el que las estudiantes no podían dejar de reírse y eran incapaces de concentrarse en las tareas escolares. Dos meses después del inicio de este fenómeno colectivo, la escuela se vio obligada a cerrar sus puertas. Pese a ello, esta epidemia que en suajili se denominó «*enwara yokusheka*» (enfermedad de la risa) y que técnicamente se calificó como «enfermedad psicogénica masiva» se extendió por los alrededores de Kashasha y llegó a afectar a los habitantes de otros pueblos y aldeas. Pero, como ya hemos visto en capítulos anteriores, la felicidad envejece rápidamente y eso mismo sucedió con esta epidemia de risa. Al cabo de dieciocho meses, el fenómeno fue perdiendo impulso y acabó extinguiéndose.[4]

Imagino que nadie pudo aclarar cuáles fueron las claves moleculares responsables de esta epidemia de risa, pero muchos años después Robert Waldinger, de la Universidad de Harvard, y Nicholas Christakis, de la Universidad de Yale, han demostrado en estudios de centenares de individuos seguidos durante décadas que, efectivamente, la felicidad puede considerarse como un fenómeno de carácter social y, por tanto, potencialmente contagioso.[5] La felicidad de la mayoría de los seres humanos depende en buena medida de la felicidad de aquellos con quienes se conectan, ya sean sus familiares, sus amigos o los miembros de la comunidad en la que viven. Todos sabemos por experiencia propia que los ambientes tristes generan y atraen más tristeza, mientras que los entornos optimistas ayudan a mejorar nuestro bienestar emocional.

La clave subyacente a estas realidades sociológicas no es sino la influencia fisiológica que tienen los cambios dinámicos y reversibles en los lenguajes de la vida inducidos por alteraciones ambientales. Hemos planteado antes algunos ejemplos de cómo las alteraciones epigenómicas nos ayudan a entrenar la felicidad, pero este estudio quedaría incompleto si no exploráramos la influencia de los cambios metagenómicos en la generación de bienestar emocional.

«Yo soy inmenso, contengo multitudes», decía Walt Whitman en *Hojas de hierba*. El pasado año, Ed Jong recreaba este mismo verso en un libro de divulgación científica sobre la importancia del microbioma bacteriano para la comprensión de la complejidad de la vida.[6] Cuando hablamos del metagenoma, es decir, el genoma del microbioma, presentamos el concepto de disbiosis como una de las ideas clave de la medicina del futuro. En los últimos años se han multiplicado los estudios dirigidos a explorar si la disbiosis puede tener un impacto directo en los cambios de comportamiento. Los datos todavía son preliminares, pero todo apunta a que los cambios en la flora bacteriana intestinal hacen que se generen unas sustancias químicas que, tras viajar por el torrente sanguíneo desde el intestino hasta el cerebro, ejercen funciones neuromoduladoras. Así, además de los prebióticos, los probióticos y los posbióticos, nombres a los que poco a poco nos hemos ido acostumbrando, se ha comenzado a hablar de los psicobióticos, compuestos de origen bacteriano capaces de influir en el bienestar y la felicidad de la persona.

El hecho de que estas pequeñas moléculas producidas por el metabolismo de nuestro microbioma puedan actuar como psicobióticos y cambiar nuestro comportamiento emocional nos obliga a examinar otro de los lenguajes de la felicidad, el lenguaje químico del cerebro, que es muy distinto de los lenguajes *ómicos* que hemos abordado hasta ahora, pero está íntimamente conectado con ellos.

Nuestro bienestar emocional depende de dos tipos de sustancias químicas endógenas que actúan sobre el cerebro, los neurotransmisores y las hormonas, los cuales están a su vez controlados por el lenguaje de los genes. Son muchos los genes que actúan coordinadamente para regular la síntesis, la actividad y la degradación de la larga colección de neurotransmisores y de hormonas que construyen el vocabulario del lenguaje químico de nuestro cerebro.

Trabajos científicos de las últimas décadas han identificado cerca de un centenar de moléculas neurotransmisoras que pueden intervenir en el tejido nervioso. Entre los neuromediadores cerebrales con mayor impacto en el bienestar humano se encuentran la serotonina, la dopamina, la acetilcolina, el glutamato y el ácido gamma-aminobutírico (GABA). La importancia de la serotonina como molécula asociada al optimismo vital ya ha sido ampliamente discutida en el capítulo anterior. Simbólicamente, la dopamina es el término que en el lenguaje químico del cerebro se traduce como motivación y ganas de vivir. Este neurotransmisor también desempeña funciones importantes en el comportamiento y en la actividad motora, así como en la regulación del sueño, en el humor y en el aprendizaje. Curiosamente, hay variantes en genes relacionados con el metabolismo de la dopamina, entre los cuales se encuentran los genes llamados *COMT* y *DRD4*, cuyos portadores parecen poseer mejores capacidades cognitivas o tienden a la búsqueda de novedades como fuente de inspiración emocional. La acetilcolina, el primer neurotransmisor que se descubrió, lleva mensajes de creatividad, intuición, sociabilidad y memoria. El glutamato es un neurotransmisor excitatorio de especial importancia para la memoria, además de un mediador fundamental en lo que respecta a la información motora, sensorial, cognitiva y emocional. Finalmente, el GABA es un neurotransmisor inhibidor cuyos mensajes se traducen en el cerebro como calma, serenidad, estabilidad, bondad y compromiso social. Todavía podríamos añadir unos cuantos neurotransmisores más a esta lista, por ejemplo las endorfinas, que producen una sensación de placer y euforia en el cerebro, y la noradrenalina, que también induce esta misma sensación de euforia pero además provoca el incremento de los niveles de adrenalina, lo que a su vez aumenta el ritmo cardíaco y la presión arterial.

El cerebro no es ese órgano frío y anodino que Aristóteles imaginó y que se dedicaría única y exclusivamente a refrigerar la sangre. Sus complejos lenguajes químicos necesitan de un equilibrio muy preciso entre las palabras que lo conforman. Ligeras alteraciones en uno u otro sentido provocan problemas emocionales y enfermedades que comprometen la felicidad. Así, un bajo nivel de serotonina conduce a la depresión, mientras que su exceso provoca nerviosismo e hiperactividad. Los defectos en la producción de dopamina causan apatía, desmotivación y enfermedad de Parkinson, mientras que su producción excesiva provoca impulsividad y violencia. La carencia de acetilcolina disminuye la capacidad de concentración y tiene además incidencia sobre la enfermedad de Alzheimer, mientras que sus niveles elevados provocan en el individuo la desagradable sensación de que su entorno próximo o la sociedad en general están abusando de su carácter altruista. La deficiencia en glutamato causa insomnio, cansancio mental y falta de concentración, mientras que su exceso es neurotóxico y va asociado a enfermedades como la epilepsia, el alzhéimer y la esclerosis lateral amiotrófica. Por último, la carencia de GABA provoca sensaciones de pérdida de control, miedo y ansiedad, mientras que su exceso genera un altruismo exagerado que acaba convirtiéndose en una adicción.

El segundo gran bloque de sustancias endógenas que influyen decisivamente sobre la felicidad es el formado por las hormonas, aunque las fronteras entre los conceptos de hormona y de neurotransmisor suelen ser muy difusas. Las hormonas son unos mensajeros bioquímicos secretados sobre todo por las glándulas endocrinas de nuestro organismo, entre las cuales se hallan el tiroides, la hipófisis, los órganos genitales y las glándulas suprarrenales. Órganos como el hipotálamo (región del encéfalo que controla el funcionamiento del sistema nervioso y la actividad de la hipófisis), el riñón, el páncreas, el estómago y el corazón son también capaces de producir sustancias con actividad hormonal. Entre las hormonas que desempeñan funciones importantes en la generación de bienestar emocional destaca la oxitocina, la hormona de los abrazos, una molécula de naturaleza peptídica que se produce en el hipotálamo y que está implicada en el establecimiento de relaciones de confianza y de generosidad. Además, la oxitocina reduce la ansiedad y el estrés e incrementa la sensación de empatía social.

Los neurotransmisores y las hormonas neuromoduladoras mantienen una relación muy estrecha y están en un diálogo continuo. Por ejemplo, la oxitocina libera neurotransmisores como la dopamina, la serotonina y la noradrenalina, que a su vez hacen que el cerebro disfrute de un agradable baño de feniletilamina, una anfetamina endógena con efectos estimulantes sobre nuestro estado emocional. Curiosamente, la feniletilamina es un producto secundario de la acción de la microbiota bacteriana sobre el chocolate negro, lo cual contribuye a explicar los efectos positivos sobre el bienestar emocional de este alimento (al que era adicta Jeanne Calment y hasta yo mismo), que tan acertadamente se recogen en las imágenes y en la música de la deliciosa película *Chocolat,* protagonizada por Juliette Binoche.

El descubrimiento de las claves generales de los lenguajes químicos del cerebro ha abierto muchas posibilidades al tratamiento de las enfermedades causadas por desequilibrios en estos neurotransmisores u hormonas que actúan como factores neuromoduladores. Hoy, en un tiempo en el que, según la Organización Mundial de la Salud, alrededor de trescientos cincuenta millones de personas sufren depresión en el mundo y más de doscientos cincuenta millones están afectadas por trastornos de ansiedad, es fundamental el desarrollo de nuevas o más eficaces terapias conductuales y farmacológicas que nos ayuden a recuperar el equilibrio mental y la armonía molecular. Sin duda, el nuevo y creciente conocimiento de las bases genéticas y moleculares de estas enfermedades permitirá repoblar las estanterías de las farmacias con nuevos fármacos que ayudarán a los distintos maestros zen de nuestra época a reprogramar la felicidad.

En suma, nuestra predisposición y aptitud genómica para la felicidad está sometida a múltiples influencias, que van desde los lenguajes epigenómicos y metagenómicos hasta el conjunto de secreciones de nuestro organismo que configuran el lenguaje químico del cerebro. La felicidad es así un proceso emocional complejo y dinámico, difícil de sostener en el tiempo y cuya pérdida no puede atribuirse en exclusiva a la acción de un gen concreto, o a un cambio epigenético particular, o a una alteración en nuestro microbioma, o a una variación sutil en los niveles de un cierto neurotransmisor o de una determinada hormona, o a un execrable abuso sufrido en la infancia, o a un insoportable trauma de la adolescencia, o a una infinita decepción de la edad adulta. Todos somos seres especiales y únicos. Cada uno de nosotros es una colección personal de éxitos evolutivos que viene al planeta como una hoja prácticamente en blanco en la que cabe el universo entero. Las primeras palabras de esa página las escriben nuestros progenitores en el lenguaje genómico de las cuatro letras de la vida; el resto debemos completarlo nosotros mismos usando los otros lenguajes de la vida y de la felicidad mientras navegamos por las agitadas e incontrolables aguas del azar.

CAPÍTULO 11

El azar y la felicidad

Tales y Leucipo eran de Mileto, una antigua ciudad griega de la costa de Anatolia situada cerca de la desembocadura del río Meandro. Ambos se dedicaron durante toda su vida a pensar. Tales fue el primer filósofo que trató de explicar el mundo sin necesidad de recurrir a los mitos ni a los dioses, por lo que se le considerada uno de los grandes pioneros del método científico. Nos dejó dos teoremas que llevan su nombre, pero su pensamiento más audaz fue la idea de que el agua es el principio de todo. Por su parte, Leucipo fue el padre del atomismo y el primero en proponer la existencia del espacio vacío. Además, concluyó que todo lo que existe en el universo es fruto del azar y la necesidad, una forma muy curiosa e ingeniosa de referirse a las colisiones aleatorias que permiten a los átomos reaccionar entre sí. Más de dos mil años después, el filósofo molecular francés Jacques Monod escribió un extraordinario libro titulado *El azar y la necesidad*, en el que otorga al azar un papel decisivo y obligado en la aparición de la vida sobre la Tierra.

No nací ni en Mileto ni en París, pero he dedicado buena parte de mi vida a pensar sobre la vida. Cuando miro el mundo y mi propio interior siento que las exageradas ideas de Tales sobre la importancia del agua como origen de todas las cosas suscitan en mí una entrañable simpatía. El agua es la molécula polar por la que la vida navega. Somos en esencia agua, nuestros antepasados evolutivos vinieron del agua y estamos rodeados de agua por todos los sitios, agua que disuelve y agua que envuelve, agua que fluye en silencio por el diminuto mundo celular y agua que exhibe su fuerza por toda la biosfera. Sin embargo, son las reflexiones de Leucipo y Monod sobre el azar las que de pronto me crean una inquietud considerable en el contexto de este libro sobre la vida y la felicidad. Durante diez capítulos y poco más de ciento cincuenta páginas hemos ido construyendo la idea de que la felicidad tiene un sustrato material susceptible de ser estudiado científicamente a través de la lectura y la comprensión de los distintos lenguajes de la vida. Pero si el azar está en el origen de toda creación y de toda innovación, tanto en los multiversos infinitos como en los mundos minúsculos, cabe pensar que tal vez ese mismo azar sea el elemento primario en la invención de la felicidad. Aturdido por esta posibilidad, tomo una infusión simbólica de factores de Yamanaka y viajo en el tiempo hasta el momento de mi nacimiento, para tratar de reconstruir mi vida e intentar explicarme a mí mismo si el azar está realmente en el origen de la felicidad.

Como ya señalé en el prólogo, los recuerdos de mi infancia y adolescencia siguen siendo de una natural felicidad. Ahora que la juventud ocupa ya otras playas, otras montañas y otras ciudades, me doy cuenta de que esa felicidad básica que recibí, percibí y disfruté en mi pueblo natal ha estado presente en casi toda mi vida. Por eso, para tratar de explicar la tristeza que tan fielmente me acompaña hoy en día, y tras descartar cualquier alteración seria en mis lenguajes biológicos, solo puedo recurrir a la fuerza inexorable del azar de Leucipo y Monod. De acuerdo con Borges, la vida es un jardín de senderos que se bifurcan, y, en el curso de nuestro paso por el planeta social, vamos tomando decisiones que abren unas posibilidades y cierran otras. No obstante, siempre he sido consciente de que las decisiones más importantes de nuestra vida las suelen tomar otros por nosotros. En este grupo de otros no solo entran personas cercanas o lejanas, conocidas o desconocidas, amigos o enemigos; también tienen cabida los procesos dictados por el azar, que a menudo tienen un papel decisivo en nuestras decisiones finales. En mi vida, como en la de casi todos los humanos, ha habido momentos en que el azar se mostró tan esquivo que comprometió brutalmente cualquier opción de felicidad en mi familia y en mí mismo. No es cuestión de relatar aquí mi colección particular de desgracias personales, pero puedo compartir un par de acontecimientos que contribuyeron a cambiar mi visión de la vida, así como mi percepción de la influencia que el azar ejerce sobre la felicidad.

El primero de ellos tuvo como protagonista a mi padre y ocurrió a principios de los años ochenta, cuando yo vivía en Madrid, donde estaba comenzando mi carrera científica. Mi querido padre, una persona de extraordinaria inteligencia pero sin ninguna formación académica, tenía un pequeño taller mecánico en el que se dedicaba a realizar trabajos de exquisita precisión para las fábricas del pueblo. Su esfuerzo y su talento se vieron recompensados con encargos cada vez más sofisticados, que finalmente le llevaron a preparar unas piezas especiales que debían ser instaladas en cohetes de la NASA. Todavía recuerdo con emoción y orgullo, como si él fuera Francis Crick y yo su hijo Michael, su relato de aquella aventura en la que se conjugaron muchos imposibles en la ejecución de algo tan tangible como una colección de bellas piezas metálicas. A raíz de este inconcebible éxito, recibió un pedido de unos empresarios de un valle cercano que pretendían afrontar una amplia remodelación de sus negocios. Mi padre dudó mucho antes de aceptar porque era un trabajo más voluminoso que imaginativo, pero al final se embarcó en su ejecución. Compró nuevas máquinas, trabajó tan duro como siempre, completó el proyecto y entregó las piezas en el plazo prometido, pero a cambio, y de manera increíble, no recibió nada, absolutamente nada. Simplemente, aquellos individuos cuyo nombre siempre ignoré no le pagaron ni una peseta por su trabajo. Luego se declararon en suspensión de pagos y mi padre entró en una espiral de demolición dirigida por el azar, que primero le llevó a perder su taller y después el resto de sus bienes materiales, incluida nuestra propia casa. Más allá de estas pérdidas materiales, lo verdaderamente grave fue que mi padre aparcó para siempre su interés por la vida. Durante años no salió siquiera del piso que un generoso amigo le prestó para que no se quedara en la calle. Hoy, con heridas semejantes en mi carne y en mi alma, me siento profundamente apenado por no haber apreciado a su debido tiempo y en su correcta medida la magnitud del daño moral tan injustamente sufrido por mi padre.

Diez años más tarde de las desventuras padecidas por mi familia, y cuando ya llevaba mucho tiempo felizmente instalado en Asturias, a las cuatro de la tarde de un maldito 1 de julio recibí en el laboratorio la llamada telefónica más dura e inesperada que alguien puede imaginar. Mi cuñado Paco, mi cuñada Pilar y nuestra sobrina Pitu acababan de sufrir un trágico accidente de tráfico que les había costado la vida cuando se dirigían tranquilamente a disfrutar de sus vacaciones en la costa mediterránea. Mis suegros, los padres de Paco, dos de las mejores personas que he conocido en toda mi vida, no salieron indemnes del intolerable daño que trajo aparejado esta devastadora noticia, y hasta el final de sus días padecieron graves enfermedades cuyo desarrollo se vio impulsado por la tristeza y el estrés crónico asociados a la pérdida de sus hijos y de su nieta. Cualquiera puede imaginar que aquel azaroso accidente de una tarde de verano alteró para siempre el bienestar emocional de nuestras vidas.

Hoy, al redibujar el mapa de mi geografía de recuerdos, no puedo evitar sentir una cierta amargura por haber sido incapaz de anticipar que el azar podía arrastrarme con la fuerza de la gran ola pintada por Hokusai y despojarme de casi todo lo que pensaba que era sólido en mi vida. Mientras camino compulsivamente por la orilla de un mar sin olas, imitando el «andar solitario entre la gente» de Antonio Muñoz Molina, sigo el consejo de los grandes expertos en soledades y recuerdo a mi padre. Me asusta pensar que vaya a sucederme algo similar a lo que le ocurrió a él y que al final me quede varado durante años en una habitación sin vistas. De ahí paso a imaginar que quizá estemos viviendo en una realidad duplicada como la de *Matrix* y que las estirpes condenadas a cien años de soledad no tienen verdaderamente ninguna segunda oportunidad sobre la Tierra. Tal vez lo que sucede es que George Church ha tenido éxito en su plan de crear los organismos espejo que anticipó Arthur C. Clarke en su relato «Error técnico», pero el proyecto se le ha ido de las manos y algunos humanos ya solo somos una mera copia especular de otros.[1] Entre tantas dudas, solo me queda admitir que Oscar Wilde tenía razón cuando aseguraba que «nada envejece tan rápido como la felicidad»; finalmente, pienso en mi querido discípulo Sammy Basso y me doy cuenta de que ni siquiera sus células progeroides son capaces de envejecer con tanta celeridad como la felicidad.

Sin necesidad de escarbar mucho en mis recuerdos, reconstruyo mi última visita a la casa de Sammy en el Véneto italiano. Tras su estancia en nuestro laboratorio, Sammy Basso se convirtió en un referente vital para mí y en un icono para mis discípulos. Nuestro trabajo, junto con el de Nicolas Lévy en Francia y el de Leslie Gordon y Francis Collins en Estados Unidos, le había ayudado a mantenerse con vida hasta superar con creces los límites de supervivencia más optimistas de los pacientes afectados por su misma enfermedad. Pero su joven corazón es como el de un anciano de ochenta años y requiere atención continua. En medio de mi creciente desapego hacia casi todo, recibí una llamada de Sammy, quien me contó que en su última revisión cardiológica le habían detectado un bloqueo aórtico que afectaba gravemente a su vida. La recomendación clínica era muy incierta, pero una de las sugerencias que le plantearon sus médicos fue una operación de urgencia en el Children's Hospital de Boston, centro de referencia mundial en el tratamiento de niños con envejecimiento acelerado. El riesgo de una intervención de estas características es altísimo, y, como Sammy me considera su mentor, me preguntó mi opinión acerca de la decisión que debía tomar.

Enseguida me di cuenta de que una cuestión tan importante como aquella no era algo que se pudiera discutir por teléfono o vía Skype. Por un instante recuperé mi *ikigai*, y entonces se me ocurrió que podíamos interpretar la entrañable película *Capitán Fantástico,* de Matt Ross, pero a nuestra manera. Alquilamos una furgoneta azul, la ocupamos con los estudiantes de doctorado que trabajaron con Sammy en nuestro laboratorio, y, animados por el sonido de la gaita asturiana de Xurde, otro de mis queridos discípulos, pusimos rumbo a Italia para ayudar a Sammy a tomar su decisión. Tras un larguísimo viaje, aparecimos por sorpresa en su casa. Durante un día entero hablamos con él y con sus padres de la vida, del azar, de la felicidad y del miedo a un futuro sin futuro. Después tomamos una decisión entre todos. No se operaría hasta que hubiera completado su graduación. El acceso a la universidad había sido el momento más importante de su corta pero intensa vida; su rendimiento académico era excelente, su máxima ilusión en esos momentos era convertirse en investigador científico, y en nuestro laboratorio había dado los primeros pasos en ese sentido. Una operación con un elevadísimo riesgo de mortalidad dejaría en nada estas ensoñaciones. A cambio, Sammy aceptaba con conmovedora serenidad la posibilidad de que cualquier día, en cualquier momento, su corazón se detuviera para siempre; una vez más, volvía a mi mente la sensación del «ahora estás, ahora ya no estás». La fuerza del azar dictando el ritmo de la felicidad. Nos despedimos con una maravillosa comida en un lugar frecuentado por un amigo de Sammy (¡el papa Francisco!) y emprendimos el regreso a Asturias.

El viaje de vuelta fue memorable; la música sonaba en la furgoneta con brutal intensidad; canciones asturianas, aragonesas e italianas se sucedían sin prisa y sin pausa recordando a Sammy con cariñosa admiración. Un cartel en la carretera que avisaba de la proximidad de Turín me trajo también el recuerdo de Cesare Pavese: «Mientras haya nubes sobre Turín será bella la vida. Mañana tendré tiempo para encerrarme y apretar los dientes. Ahora toda la vida son las nubes, las plantas y las calles, perdidas en el cielo».[2] Atravesamos Italia, después Francia y finalmente la costa cantábrica, pero yo no dejaba de pensar en Sammy y en nuestra conversación acerca de lo difícil que nos resulta ser felices cuando nuestra vida está sometida a un componente de azar tan importante, en su caso una mutación *de novo* en el genoma, un único cambio entre tres mil millones de posibilidades. Y, pese a todo, los pensamientos positivos se habían abierto camino; al menos transitoriamente, la luz había encontrado de nuevo la grieta que hay en todo; la música italiana que resonaba en esos instantes en mi mente ya no era triste, sino la *Barcarola* de Offenbach, una composición que habla de la felicidad y también del inexorable pero asumible paso del tiempo.

Sigo siendo un científico y por tanto puedo analizar las emociones desde una perspectiva genética y molecular; además, todavía puedo imaginar nuevas formas de mejorar la vida humana, especialmente a través de la intervención sobre las enfermedades, pero también sé que la felicidad no es una ciencia. Su aleatoriedad le otorga una dimensión de intangibilidad. La evolución cultural y tecnológica nos ha llevado muy lejos, hemos transformado completamente el tercer planeta del sistema solar (situado a noventa y tres millones de millas del Sol, la distancia perfecta, tal y como nos recuerda la cálida música de Jason Mraz), hasta el punto de convertirlo en un planeta social. Sin embargo, atrapado entre tanto progreso y tanta perfección, echo un vistazo a mi alrededor y percibo la vulnerabilidad de sus habitantes. Es más, miro en mi interior y siento con intensidad mi propia vulnerabilidad. Sigo pensando en el azar y en la felicidad. Nuestro dominio del mundo nos ha permitido afrontar tareas que parecían imposibles y alcanzar logros casi indistinguibles de la magia, pero no tengo claro que podamos disminuir la importancia del azar en nuestra vida y con ello conseguir un mayor control sobre nuestro bienestar personal.

Mi propia introspección me lleva de pronto a la inteligencia artificial. En este tema, la información no fluye como una lenta marea creciente, sino que es un auténtico maremoto que nos inunda de datos que prometen un nuevo futuro para la humanidad que ya estaría llamando a nuestras puertas.[3] Con estos pensamientos anclados en mi cerebro, la furgoneta azul del Capitán Fantástico regresa de su breve excursión al paraíso y nos devuelve a la vida cotidiana; tengo la certeza de que hay cosas en mi vida que nunca volverán a ser como antes, pero al menos este viaje ha renovado mi deseo de seguir imaginando. Me pregunto si una nueva generación de seres humanos o transhumanos podrá llegar a controlar por completo la influencia del azar en su vida. Entonces, y solo entonces, habrá llegado el momento de que el *Homo sapiens 2.0* pueda aspirar a disfrutar de más de catorce días de felicidad.

CAPÍTULO 12

Homo sapiens sentiens 2.0

«No pasa un día en que no estemos, un instante, en el paraíso», escribía Borges en el prólogo de *Los conjurados.* Tampoco pasa un solo día sin que alguien nos prometa que vamos a ser más viejos que las tortugas o inmortales como los mismos dioses. Quizá ya lo somos y yo no me he enterado todavía. Con cierta inquietud, pero también con bastante escepticismo, me asomo a uno de los diversos espacios en los que se lleva fríamente la contabilidad humana. Los contadores fluyen sin pausa; cuesta mucho asumir que esas cifras que se mueven vertiginosamente en la pantalla representan vidas humanas, vidas que vienen y vidas que se van. Hoy, a las 12 horas del día 25 de junio de 2018, festividad de Santa Orosia y vigésimo octavo cumpleaños de mi hija Laura (número perfecto al ser la suma de todos sus divisores: 1, 2, 4, 7 y 14), la web <www.worldometers.info/world-population> señala que en el planeta Tierra viven 7 631 501 594 seres humanos. En lo que va de día, los nacimientos registrados alcanzan la cifra de 193 196, mientras que el número de fallecimientos ha sido de 80 020. Esta inquietante pero a la vez tranquilizadora contabilidad indica también que en lo que va de año han muerto 28 040 235 individuos. En suma, parece que la muerte no se ha olvidado todavía de la especie humana.

Conscientes de esa realidad, los autores de muchas de las predicciones del tecnooptimista futuro de la humanidad vaticinan la conquista de la inmortalidad. La portada del número del 21 de febrero de 2011 de la revista *Time* declaraba que, en 2045, el hombre será inmortal. Esta impactante aseveración estaba basada en las opiniones de tecnólogos y futurólogos tan influyentes como Raymond Kurzweil, que están convencidos de que pronto asistiremos a una época en la que los ordenadores superarán en inteligencia a los humanos. Cuando esto suceda, nuestra especie sufrirá al parecer una transformación tan profunda e irreversible en su cuerpo y en su mente que la civilización creada por el *Homo sapiens* será en poco tiempo una reliquia del pasado. A este momento transformador se le ha dado un nombre tomado de la astrofísica, «singularidad»,* y su alcance representará el triunfo final de la inteligencia artificial, la inteligencia de las máquinas.[1]

Inmerso en preocupaciones mucho más mundanas, incluyendo la de intentar recuperar mi armonía molecular, no deja de asombrarme que personajes tan brillantes como Kurzweil y algunos de sus seguidores sean tan rotundos en sus afirmaciones. De nuevo creo que hay algo que se me escapa; tal vez en algún lugar del mundo están sucediendo cosas que apoyan estas predicciones, pero me cuesta pensar que dentro de veinticinco años se haya alcanzado la singularidad y, de paso, la inmortalidad. Han transcurrido casi ocho años desde que se formuló esa predicción y la verdad es que, en mi ámbito científico, centrado precisamente en la investigación del envejecimiento y de la inmortalidad (de las células tumorales), no percibo señales de una transformación tan radical.

Los estudios experimentales en este campo nos han enseñado que el envejecimiento es un proceso biológico complejo e inexorable para la gran mayoría de las especies que habitan nuestro planeta, pero también hemos aprendido que la longevidad es considerablemente plástica. Así, con unas sencillas manipulaciones genéticas se logra duplicar y hasta triplicar la expectativa de vida de las moscas y de los gusanos, cuyo genoma es parecido al nuestro. Sin embargo, estas modificaciones no son posibles o no están permitidas, al menos por el momento, en nuestra especie. Tampoco se ha logrado identificar el gen mágico cuya manipulación permitiría una extensión sustancial de nuestra esperanza de vida. La ecuación de la longevidad humana, al igual que la de la felicidad que describimos en el capítulo 9, es poligénica; tiene muchos componentes, muchas variantes y muchas incertidumbres. Por ello, es muy improbable que la simple modificación de uno o varios genes pueda hacer que nuestra longevidad supere el límite natural en nuestra especie, que por ahora se sitúa en torno al millón de horas que vivió Jeanne Calment. Como soy optimista, creo que, empleando alguno de los nuevos elixires de la felicidad, como por ejemplo la reprogramación celular y la edición génica, la ciencia nos proporcionará algunas oportunidades de extender la longevidad, pero siempre dentro de nuestros límites naturales.

En estos últimos años, he asistido a la lenta pero imparable demolición física y mental de mi padre hasta que por fin pudo descansar para siempre. En ningún momento percibí la necesidad de que su vida debiera extenderse; en todo caso hubiera preferido que su fase final se acortara, para ahorrar sufrimientos innecesarios a un ser humano que ya hacía tiempo que había desconectado su mente del mundo. Respecto a la inmortalidad, lo cierto es que no creo que sea un afán que deba estar en nuestra agenda de prioridades científicas o sociales. Recordemos primero que a la evolución no le interesa la inmortalidad sino la reproducción, y después leamos «El inmortal» de Borges, *Las intermitencias de la muerte* de Saramago o *Los viajes de Gulliver* de Swift, y entonces comprobaremos que ser inmortal es una cuestión baladí y muy desaconsejada por los que ya han explorado con su imaginación esos inhóspitos territorios.

Creo sinceramente que estos brillantes tecnólogos, entre los que se encuentran algunos de los jóvenes emprendedores que cambiaron el mundo con sus empresas informáticas, no viven de cerca la realidad humana y minimizan las imperfecciones consustanciales a la vida. Ninguno de ellos trabaja en un hospital o en un laboratorio experimental, ni recibe pacientes desahuciados por la medicina, en muchos casos niños de corta edad, cuyos padres no piden la inmortalidad para sus hijos sino simplemente que dejen de sufrir y puedan verlos crecer al menos unos años. Sabemos que la enfermedad nos ha acompañado desde el principio de nuestra aventura evolutiva, y mientras quede una parte de sustrato biológico en nuestros cuerpos, la enfermedad seguirá encontrando espacio para desarrollarse. Para sostener mi escepticismo debo insistir en algunas verdades incómodas. Así, pese al enorme progreso de la medicina, enfermedades tan frecuentes como el alzhéimer son hoy incurables, y, según la Organización Mundial de la Salud, en 2050 (ya pasado el tiempo de la hipotética singularidad) habrá en el mundo más de ciento quince millones de personas con alzhéimer.[2] En el campo de la oncología, donde los avances son lentos pero continuos, hay tumores hoy en día bastante frecuentes que son todavía prácticamente intratables. Steve Jobs, uno de los más grandes transformadores del mundo moderno, fue víctima de uno de estos tumores, para cuyo tratamiento adoptó en un principio algunas decisiones erróneas y después no pudo ya hacer nada para curarse, pese a los muchos recursos y tecnología que se pusieron a su disposición.

Resulta también muy tentadora la idea de que los ordenadores puedan replicar electrónicamente, con su lenguaje digital de silicio, la gigantesca complejidad generada bioquímicamente en nuestro cerebro carbonoso. Recordemos que el cerebro humano tiene cerca de cien mil millones de neuronas que pueden establecer conexiones infinitas entre sí, creando de este modo unos circuitos de redes neuronales tan complicados que siguen desafiando la imaginación de los investigadores implicados en su estudio. En 2005, el neurocientífico Henry Markram, de la Escuela Politécnica de Lausana, inició un ambicioso proyecto llamado Blue

Brain, cuyo primer objetivo general era analizar la estructura del cerebro de los mamíferos creando una simulación de dicho órgano a nivel molecular. A más largo plazo, el proyecto Blue Brain pretende construir una simulación funcional de los procesos fisiológicos característicos del cerebro humano. En paralelo, el proyecto americano BRAIN, dirigido por el brillante neurobiólogo español Rafael Yuste, nació en 2013 con el objetivo de «obtener una fotografía dinámica del funcionamiento de nuestro cerebro para entender mejor cómo pensamos, cómo aprendemos y cómo recordamos». A estos proyectos se suma el reciente desarrollo de la optogenética* por parte de científicos tan eminentes como Karl Deisseroth y Gero Miesenböck. Esta innovadora técnica, que combina métodos ópticos y genéticos, está llamada a iluminar algunos de los aspectos más oscuros del cerebro. Todos estos proyectos son iniciativas extraordinarias, pero creo que todavía pasarán muchos años antes de que puedan encontrarse las claves moleculares subyacentes a los misterios de la conciencia y del pensamiento, que hoy por hoy son las últimas fronteras del conocimiento.[3]

Esta es la realidad que percibo, una realidad basada en gran medida en mi propia experiencia, pero también en la creencia de que la búsqueda del conocimiento nos hará mejores y más felices, aunque no se pueden exagerar los logros conseguidos ni prometer lo que no se puede cumplir. En este sentido, me gusta recordar a mis estudiantes la historia de un joven americano llamado Benjamin Careathers, que demandó en 2015 a la compañía de bebidas energéticas Red Bull por publicidad engañosa. Las agresivas campañas publicitarias de esta empresa han tenido un éxito notable, y seguro que muchos lectores recordarán aún el eslogan «Red Bull te da alas». Sin embargo, a Benjamin, que había estado diez años consumiendo esta bebida, no le salieron alas, aunque no fue este el motivo principal de su demanda, sino más bien la falta de resultados en su rendimiento físico. Lo más increíble es que, según la información disponible en Internet, los jueces fallaron a favor de Benjamin (y de otros demandantes), y Red Bull tuvo que pagar trece millones de dólares en concepto de indemnización. Este ejemplo ilustra de manera irónica y superlativa cuán necesario es evitar las falsas expectativas que tantas veces generan los progresos científicos y tecnológicos.

En cualquier caso, admiro a las personas que se arriesgan y son capaces de ver más allá, de ir más lejos que nosotros en su mirada al futuro, una idea que expresó de manera magistral René Magritte en su cuadro *La clarividencia*. Ray Kurzweil, el profeta de la singularidad, es uno de estos visionarios, aunque yo no comparto sus ideas. Pienso en sus datos sobre el crecimiento exponencial de la tecnología y trato de imaginar las peripecias de otros visionarios que, con la ayuda de técnicas novedosas, hicieron retroceder el concepto de lo imposible. No encuentro nada más ilustrativo que el sueño de volar como los pájaros y la construcción de máquinas voladoras por parte del *Homo sapiens* para superar los límites impuestos por su evolución biológica. Recuerdo a Dédalo e Ícaro, y a Leonardo da Vinci, y a los hermanos Montgolfier, y al marqués de Arlandes y Jean-Francois Pilâtre de Rozier, y a Jean-Pierre y Sophie Blanchard, y al fotógrafo aeronauta Nadar, y a los hermanos Wright, y al pionero francés Clément Ader, que en 1875 inventó la bella palabra «avión» para definir el aparato volador que imita a los pájaros naturales (*«Appareil Volant Imitant l'Oiseau Naturel»*). Y visualizo el Eagle, que además de ser el pub de Cambridge donde Watson y Crick celebraron el descubrimiento de las claves de la vida, también fue el pequeño módulo del Apolo XI que llevó a los primeros humanos a pisar la Luna. Y rememoro la imagen de Neil Armstrong y Buzz Aldrin caminando con cautela por la superficie lunar con sus trajes blancos y me imagino a los pioneros de nuestra especie caminando con determinación por la sabana africana con su piel oscura. Seguro que aquellos primitivos humanos se hubieran sentido orgullosos del gran salto cósmico que muchos años después darían sus descendientes.

Pero por muy emocionantes que resulten todas estas proezas aéreas humanas basadas en el progreso tecnológico, ninguna de ellas es comparable a la historia de Cajal, el relojero de Cartirana (pariente directo del gran Santiago Ramón y Cajal), un modesto inventor de un pequeño núcleo rural cercano a mi pueblo natal que intuyó mucho antes que Kurzweil y los singularistas que el conocimiento podía traer la felicidad. Su peripecia vital se me quedó grabada desde el momento en que la conocí siendo niño, y después se la he narrado a mis hijos en la más pura tradición de transmisión oral del conocimiento. Entre los inventos del ingenioso Cajal estaba una rudimentaria máquina de volar, un simple híbrido de paraguas y bicicleta, y con la convicción de quien se reconoce iluminado y distinto subió al campanario de la iglesia del pueblo y, una vez montado en la máquina, le pidió a su mujer que la empujara para impulsar su vuelo: «Empuja, empuja, Estefanía, que si descubrimos esto seremos felices». Lamentablemente, su máquina voladora, como tantas otras antes, no funcionó y el pobre Cajal no se recuperó nunca de las heridas que sufrió en su primera y última aventura voladora. Su nombre tampoco pasó a las enciclopedias ni a las wikipedias, porque su vuelo en picado no superó los doce interminables segundos en que se mantuvo volando la máquina motora más pesada que el aire construida por los hermanos Wright. Pero ni este primer vuelo motorizado —que en los doce segundos más largos de la historia recorrió treinta y siete metros— ni el del Apolo XI —que recorrió en poco más de tres días los 384 403 kilómetros que nos separan de la Luna— pudieron compararse nunca con los de las alfombras voladoras con que el inolvidable Melquiades impresionó a los habitantes de Macondo, aquel hombre que tantos prodigios había difundido por el mundo, incluido el del hielo. Emociones, sentimientos y fantasía frente a pensamiento, conocimiento y tecnología; estrategias de carácter dispar, pero todas igual de útiles a la hora de proporcionar a los humanos una esperanza de felicidad.

Teniendo en mente esta dicotomía sobre la esencia de la felicidad, vuelvo de nuevo a Ray Kurzweil y leo sobre su vida y sobre sus propuestas para tratar de entender mejor su pensamiento y sus motivaciones. Después de todo, puede que tenga razón y, en lugar de ser los singularistas los que minimizan la complejidad biológica y neurológica de la especie humana, seamos nosotros los que infravaloramos los procesos de crecimiento exponencial que parecen imponerse en el progreso tecnológico actual. Atónito, me entero de que Kurzweil toma más de ciento cincuenta pastillas al día con el objetivo de mantenerse en buen estado físico y mental hasta la llegada de la singularidad. Entonces, según él, habrá que ponerse en manos de máquinas hiperinteligentes y de la nanotecnología médica para superar los inconvenientes y las contrariedades de la vida mortal y alcanzar un estado de inmortalidad funcional.

Si esta extravagante idea es cierta, y diversas fuentes así lo atestiguan, me pregunto con cierta ironía cuánto tiempo habrá invertido diariamente Kurzweil en esa ingente tarea, desde la organización logística del acontecimiento en sí mismo hasta la propia ingestión de ese arsenal de suplementos y medicamentos. Pero inmediatamente después dejo a un lado la ironía y paso a pensar que el hecho de que alguien tan inteligente tenga una convicción tan sólida y comprometida con una propuesta de cambio radical en la humanidad merece una atención especial. El azar, ese *yin* y *yang* de la felicidad, me recuerda que es un buen momento para reflexionar sobre la inteligencia artificial, pues justo ahora se cumplen dos siglos de la genial obra que Mary Shelley escribió sobre Frankenstein, el moderno Prometeo.[4] Este libro surgió como un reto literario dirigido a distraer el aburrimiento de un grupo de jóvenes escritores románticos que, en el verano de 1816, se habían trasladado al lago Leman de Ginebra para pasar las vacaciones. Mary Shelley imaginó su Frankenstein como si se tratara del sueño de una noche de verano sin verano, pues tras la erupción en 1815 del volcán indonesio de Tambora, que durante meses arrojó cenizas y cubrió de oscuridad una buena parte del planeta, aquel año no fue sino un invierno continuo. El Frankenstein de Shelley, precursor indiscutible de la inteligencia artificial, se convirtió en uno de los libros que más ha estimulado la imaginación humana, aunque tuvieron que pasar muchos años antes de que la ciencia y la tecnología comenzaran a explorar la posibilidad de trasladar estas ideas a la realidad.

En 1956, el matemático estadounidense John McCarthy acuñó el término «inteligencia artificial» para definir la ciencia y el ingenio de construir máquinas inteligentes. Desde que se empezó a desarrollar esta disciplina, se abrieron varias corrientes de pensamiento acerca del impacto que tendría sobre el futuro de la humanidad. Tanto McCarthy como Marvin Minsky, otro de los grandes pioneros en este campo, consideraban que los ordenadores reemplazarían progresivamente a los seres humanos. Años más tarde, el matemático británico Jack Good, un magnífico descifrador de códigos que trabajó con genios como Alan Turing y Max Newman, imaginó las primeras máquinas ultrainteligentes, capaces de provocar una explosión de inteligencia que dejaría atrás a la especie humana. En cambio, científicos tan prestigiosos como Norbert Wiener y Joseph Licklider postularon que los ordenadores mejorarían a los humanos, pero nunca podrían sustituirlos.

En el tiempo que ha transcurrido desde el amanecer de estas ideas sobre la inteligencia artificial, parece claro que la simbiosis hombre-máquina ya ha tenido lugar, al menos en una primera fase, y que se ha instalado cómodamente entre nosotros. La rápida dependencia que los humanos actuales han adquirido respecto de los teléfonos móviles y de otros artilugios informáticos es una prueba simple e inocente del nuevo estado que hoy nos domina y que podríamos definir como una simbiosis cordial de baja intensidad (pues no implica aún grandes transformaciones físicas ni mentales), pero de alta adicción. Sin duda, estas tecnologías han mejorado el bienestar general de los humanos en muchos aspectos, facilitando la vida cotidiana, el trabajo y la comunicación, pero a cambio han generado problemas sociales desconocidos e incluso patologías nuevas como la nomofobia («no-móvil-fobia»), es decir, el temor a estar desconectado, otro de los miedos que aspiran a recortar nuestra todavía humana felicidad.

Paralelamente, los robots han ido proliferando y extendiéndose por la sociedad, aunque no parecen representar una amenaza para el *Homo sapiens,* ya que la mayor parte de ellos proporcionan servicios al ser humano, ya sea ayudando en las tareas domésticas o ejecutando con eficiencia labores de carácter industrial. Es cierto que algunos robots han causado la muerte de unos cuantos seres humanos, pero en todos los casos documentados (por ejemplo, en cadenas de montaje de vehículos o en coches sin conductor), estos homicidios accidentales han sido causados por errores de programación o por alguna imprudencia cometida por la propia víctima, y no por una rebelión de los robots contra sus mismos creadores. Por lo tanto, sigue vigente la primera ley de la robótica de Asimov, según la cual un robot no puede hacer daño a un ser humano ni, por inacción, permitir que un ser humano sufra daño.

Aunque casi todos disfrutemos ya de estos extraordinarios progresos tecnológicos, creo que todavía no han tomado forma las máquinas ultrainteligentes imaginadas por Jack Good y capaces de sustituir a los humanos. Sin duda, estamos ya rodeados de máquinas inteligentes y de máquinas que aprenden: tenemos robots que hablan, entretienen y cuidan la casa; que construyen coches que luego conducen ellos mismos; que juegan al ajedrez y nos ganan siempre; que realizan intervenciones quirúrgicas con una precisión absoluta; que se dedican a la política municipal y son votados por los ciudadanos;[5] y, sobre todo, hay robots que manejan unas cantidades de datos tan grandes que se convierten en los príncipes del dataísmo,* esa nueva religión llamada a cambiar los usos sociales de nuestro planeta. ¿Hay algo más en el horizonte robótico?

Para afianzar mis ideas sobre estos temas, repaso una literatura científica que no es la mía, por lo que mi aproximación puede ser parcial e incompleta, pero pronto percibo algunos avances que me llaman mucho la atención. Leo en la revista *Science* del 26 de enero de 2018 que un programa de inteligencia artificial llamado Libratus ha ganado a los campeones del mundo de póquer.[6] Ya sabíamos que, desde la aparición de Deep Blue, los humanos han dejado de ser rivales para los robots en materia de ajedrez; pero el póquer es un juego de «información imperfecta» y tiene un componente adicional que dificulta enormemente la programación de los robots para este fin: la capacidad humana de engañar o simular, lo que comúnmente se conoce como «ir de farol». Pese a esta limitación, Libratus batió a todos sus contrincantes humanos. Recuerdo también el caso de Eugene Goostman, el primer robot capaz de pasar el test de Turing, una de las pruebas de fuego de la inteligencia artificial. En este examen, planteado ya en 1954, un comité de expertos de la Royal Society británica conversa con el robot y luego debe dictaminar si ha estado interaccionando con una máquina o con un ser humano. El 8 de junio de 2014, seis décadas después de aquel primer reto, un *chatbot,* un robot programado para charlar que combina técnicas de procesamiento de lenguaje con el acceso a bases masivas de datos y que es capaz de interaccionar con usuarios humanos por medio de mecanismos auditivos o textuales, logró convencer a más del 30 % de los expertos presentes de que era un humano y no una máquina. De todas formas, un análisis crítico posterior, en el que intervino el propio Kurzweil, señaló que Eugene no era un superordenador inteligente, sino «solo» un agente de conversación inteligente programado para responder preguntas, pero no para pensar.

Como todavía no soy un robot, decido pensar un rato más sobre estas cuestiones de la inteligencia artificial y entonces me vienen a la mente los primeros robots con emociones humanas. En primer lugar, acude el androide Pepper, capaz de comunicarse con personas y de interpretar sus emociones. Este amable y educado robot puede además almacenar recuerdos durante veinte años y está permanentemente conectado a la nube informática, lo que le permite compartir sus experiencias y aprendizajes con androides similares. En el otro extremo emocional se sitúa Norman, el primer robot psicópata del mundo, que acaba de ser creado por investigadores del Instituto Tecnológico de Massachusetts (MIT) después de haberle mostrado, en el curso de su aprendizaje automático, todo tipo de imágenes violentas y perturbadoras extraídas de Internet. El nombre asignado a este producto de la inteligencia artificial es un homenaje a Norman Bates, el siniestro protagonista de *Psicosis,* la celebrada película de Alfred Hitchcock. Tras someter a Norman al test de Rorschach, un típico examen psicológico que evalúa posibles trastornos del pensamiento a partir de unas manchas de tinta sin forma definida, los científicos comprobaron que la visión de asesinatos, accidentes, catástrofes y electrocuciones había alimentado en este robot un proceso de pensamiento de carácter psicótico. Cuando a un robot no sometido a ese tipo de imágenes de extrema violencia se le presentó una de las manchas del test de Rorschach vio simplemente «un guante de béisbol»; Norman, en cambio, detectó «un hombre asesinado con una ametralladora a plena luz del día».

El robot Norman es un buen ejemplo de los inquietantes resultados que se pueden llegar a obtener cuando se utilizan datos parciales y sesgados en algoritmos de aprendizaje automático. Como díria el rey Salomón, en esto «no hay novedad, solo olvido», pues la situación creada con Norman no es muy distinta de la que surge en los humanos, especialmente en etapas muy tempranas de su educación, cuando son sometidos a enseñanzas parciales y sesgadas sobre la vida y el mundo. Por otra parte, recuerdo vivamente una estimulante conversación que mantuve con Ricard Solé (autor de *Vidas sintéticas*) sobre los robots mentirosos, capaces de hacer evolucionar su código para engañar a sus colegas y obtener beneficios energéticos de manera egoísta.[7] Una vez más, algo muy similar a lo que sucede en los humanos actuales. Pero más alla de estos robots bondadosos o perversos, intuyo que, lo mismo que falta mucho tiempo para alcanzar la innecesaria inmortalidad, también habrá que atravesar un gran abismo para poder llegar a la explosión de la inteligencia. Hablo de intuiciones, pero como nunca llegaré a alcanzar el nivel de la intuicionista Selene Lindstrom, la inteligente protagonista de *Los propios dioses* de Asimov, necesito datos para apoyarlas. ¿Qué pueden hacer los humanos que no hagan los robots?

Escucho unas reflexiones de Dennis Bray, experto en biología de sistemas, en las que señala que, «aunque los componentes de los sistemas biológicos actúan de manera comparable a los de los circuitos electrónicos, se diferencian de estos por el enorme número de estados que pueden adoptar. Los procesos bioquímicos crean innumerables modificaciones químicas en las proteínas, cuya diversificación se amplifica tras su asociación con distintas estructuras celulares. Se genera así una explosión combinada de diversos estados que dota a los seres vivos de una capacidad prácticamente infinita de almacenar información sobre las condiciones pasadas y presentes, y les permite prepararse para las eventualidades del futuro». Creo que los robots suelen ser unos consumados especialistas en la ejecución de una tarea, por compleja que esta sea, pero todavía les falta la adaptabilidad de los seres vivos. Esta plasticidad fue determinante para el éxito evolutivo de la especie humana, que fue capaz de adoptar de manera óptima nuevos lenguajes biológicos y nuevos mecanismos reguladores de la vida para responder de forma eficiente y dinámica a su cambiante entorno sin alterar la homeostasis necesaria para su propia supervivencia. El conocimiento futuro de los detalles más íntimos de los mecanismos de plasticidad biológica servirá para avanzar en la transferencia a máquinas inteligentes de esos conceptos de flexibilidad y adaptabilidad de los que ahora estas carecen en cierta medida.

En cuanto a las emociones, decir que los robots siempre carecerán de capacidades tan humanas como el amor, la ambición, la empatía, la ironía, la creatividad, la otredad, la espontaneidad, la solidaridad y hasta la propia felicidad resulta de lo más simplista. Todas estas cualidades son ya interpretables y hasta cuantificables, y la inteligencia artificial ha avanzado notablemente en su implementación. Los robots comienzan a incorporar en sus diseños redes seudoneuronales capaces de detectar patrones que ayudan al reconocimiento de emociones y de sentimientos. También pueden aprender de las experiencias previas y modular sus acciones para afrontar los cambios experimentados respecto a las condiciones iniciales para las que estaban programados. El ejemplo de Libratus es muy ilustrativo a este respecto. Este programa de inteligencia artificial perdió las primeras partidas de póquer que jugó, pero cuando consiguió acomodarse a la «información imperfecta» y a los faroles propios del juego, acabó ganando a todos sus rivales humanos. Tal vez este progreso sea insuficiente para adquirir los niveles cognitivos superiores que nos permiten reconocer nuestra identidad individual y aceptar la del otro, o para desarrollar las capacidades introspectivas que nos permiten reflexionar sobre nuestro lugar en el mundo. Asimismo, es posible que aún estemos muy lejos de poder incorporar a las máquinas inteligentes el ingente catálogo de instrucciones que determinan el complejo juego de los nexos afectivos existentes entre los humanos. En este sentido, algunas películas, como la inquietante *Ex machina*, dibujan escenarios que resultan bastante creíbles acerca de la posibilidad de que las máquinas adquieran algunas de las emociones de sus creadores y al final acaben rebelándose contra ellos.

En todo caso, nada impide que las leyes de crecimiento exponencial del conocimiento que he visto funcionar en grado superlativo en el caso del desciframiento de genomas, alcancen el ritmo preciso en la inteligencia artificial y llegue un momento en que se pueda copiar información intelectual y emocional de un cerebro humano a un robot. Es una tarea sumamente compleja, pues no se trata solo de replicar entidades aisladas en forma de pensamientos, deseos o recuerdos, sino que también habrá que preservar el conectoma, ese universo de conexiones neuronales que posibilita nuestra capacidad de pensar, sentir y ser. En una serie de experimentos fascinantes, el grupo de Susumu Tonegawa, premio Nobel de Medicina en 1987, ha logrado trasplantar recuerdos en ratones usando la optogenética, y, valiéndose de estas mismas técnicas, ha conseguido transformar los recuerdos traumáticos en recuerdos positivos.[8] Es la premonitoria película *Blade Runner* hecha realidad. Otros estudios todavía muy preliminares realizados con caracoles marinos han mostrado que se puede transferir el recuerdo de unas sencillas respuestas defensivas inyectando moléculas de ARN, sin necesidad de intervenir en las conexiones neuronales. Además, en algunos trabajos recientes se intenta conservar intacto el conectoma por medio de la criogenización, para reactivarlo después en un ordenador. Todas estas investigaciones arrojan nuevas luces sobre los mecanismos de almacenamiento de los recuerdos, pero su aplicación en humanos queda todavía muy lejos, según reconocen los propios investigadores.

Es precisamente esta lejanía la que nos debe animar a reflexionar desde ya mismo sobre las implicaciones éticas que nos planteará en el futuro esta manipulación de las capacidades cognitivas humanas. En la transición al poshumanismo, necesitaremos el talento de una nueva generación de filósofos y pensadores dotados de una profunda formación científica. Son ellos los que deberán guiarnos a la hora de afrontar las múltiples cuestiones que se nos plantearán acerca de nuestra conciencia, una vez que haya sido copiada y depositada en un ordenador o transferida a un robot. ¿Seguiré siendo yo? ¿Será el robot un clon o un gemelo de mi persona? ¿Cuáles serán sus derechos y sus responsabilidades? ¿Quién decidirá cuántas copias se pueden hacer de cada mente humana? ¿Quién escogerá los recuerdos, ambiciones y experiencias que habrá que copiar y los que habrán de ser eliminados?

¿Necesitaremos contraseña para acceder a los pensamientos y emociones de nuestro propio cerebro?

De todos los escenarios utópicos o distópicos que pueden plantearse para la humanidad futura, parece que el más probable es el rápido progreso de las máquinas inteligentes, que colaborarán estrechamente con los humanos. El empleo de intervenciones como las que hemos señalado antes, entre las cuales destacan las estrategias de inteligencia artificial conjugadas con métodos de biología sintética, de biología de sistemas y de medicina regenerativa, ayudarán a traspasar los límites impuestos a nuestra especie por la lenta evolución biológica, que ya hace tiempo que no puede acompasar su ritmo al de la evolución cultural y tecnológica. Entraremos en los dominios de la biocracia,* un nuevo poder basado en la biología y emanado de las crecientes posibilidades que tenemos de manipular el material genético de los seres vivos, incluido el de nuestra propia especie. Poco a poco, la nanotecnología se irá incorporando a nuestro organismo, se progresará en la creación de híbridos hombre-máquina y con el tiempo nuevas tribus de *cyborgs, geborgs* y *silorgs* ocuparán nuestras ciudades. Habrá que mejorar mucho la conversión de la dinámica de las emociones al lenguaje digital, aunque puede que no se llegue nunca a la copia o imitación perfecta del cerebro humano. Sin embargo, tarde o temprano se avanzará en el volcado de nuestras sensaciones y recuerdos a un espacio externo, sea virtual o artificial, donde serán almacenados, interpretados y hasta modificados.

Las nuevas tecnologías de edición génica también podrían emplearse para mejorar las capacidades cognitivas y sensoriales de los humanos del futuro. Para ello será de suma utilidad la información genómica que se extraiga de los mutantes humanos, ya que poseen capacidades superiores o muy distintas a las normales. La memoria prodigiosa de los *savants,* la sinestesia* o la hipersensibilidad son territorios cuya exploración molecular nos proporcionará nuevas e inesperadas lecciones. Hay casos extraordinarios como el de Veronica Seider, cuya agudeza visual es veinte veces mayor que la de cualquiera de nosotros. Su talento visual se descubrió de manera accidental, cuando, siendo estudiante en la Universidad de Stuttgart, unas pruebas rutinarias demostraron que podía identificar a personas situadas a 1,6 kilómetros de distancia. Muy curioso es también el caso de Joy Milne, una mujer que posee un olfato excepcional y que ha adquirido notoriedad científica porque es capaz de detectar a personas con la enfermedad de Parkinson basándose solo en su olor. En ninguno de estos casos se conocen las causas que determinan su alta capacidad sensorial.

También podemos abandonar unos instantes el antropocentrismo, mirar la naturaleza de nuestro alrededor y disfrutar de lo que algunos animales son capaces de percibir o sentir. Hay crustáceos que tienen una impresionante capacidad visual, como por ejemplo las mantis marinas. Su visión es trinocular; pueden distinguir la luz polarizada de la ultravioleta y ver en doce canales diferentes de color. A su lado, nosotros parecemos unos ingenuos aprendices en el mundo de la percepción sensorial con nuestra visión binocular y nuestros tres receptores del color (rojo, verde y azul). Algunos investigadores trabajan ya en la posibilidad de trasladar las capacidades de estos superdotados de la visión a robots autónomos que puedan realizar tareas imposibles para los humanos. Con ayuda de los futuros ingenieros de los sentidos, podremos ampliar el espectro de percepción sensorial del *Homo sapiens* en el curso de su viaje hacia el transhumanismo y el poshumanismo, y así podremos mantener nuestra esperanza en que el progreso no quede circunscrito al ámbito del conocimiento, sino que también abarque el del sentimiento.

Y, al final, cuando todo este progreso se concrete, habremos llegado a un híbrido, a una quimera semejante a Frankenstein, que bajo su fenotipo humano aparentemente monstruoso escondía el conmovedor deseo de poder compartir su vida con otro ser dotado de sus mismos afectos y sus mismos sentimientos. Entonces se hará realidad el sueño de hace doscientos años de una noche de verano sin verano. Aparecerá sobre la Tierra una nueva especie, una especie que será el producto de la fusión del *Homo sapiens* y el *Homo sentiens* y de su posterior transformación —por obra de la inteligencia artificial— en una entidad distinta, con capacidades y objetivos diferentes que alguien tendrá que empezar a definir. Será el *Homo sapiens sentiens 2.0.*

Me pregunto también qué prueba tendrán que pasar estos seres quiméricos para poder adscribirlos con plena confianza a la nueva especie. Recuerdo a Alan Turing y su test dirigido a explorar la capacidad de conversación como *proxy* de la inteligencia de las máquinas. Este recuerdo me lleva a imaginar mi propio test, el test de la luna, que recrea en el mundo robótico un verso de Neruda: «Debajo de tu piel vive la luna». Solo aquellas máquinas inteligentes que sean capaces de encontrar la luna debajo de la piel de un humano (o de un robot), tendrán el modo *sentiens* lo suficientemente elaborado como para ser calificadas de *Homo sapiens sentiens 2.0.*

Así, todo apunta a que el hombre más feliz del mundo será pronto un robot, aunque quiero creer que no será un robot cualquiera, sino una máquina inteligente dotada de sentimientos pero sin enfermedades, sin mutaciones, sin disbiosis y sin miedos, y en la que las fuerzas del azar se habrán minimizado hasta el extremo de quedar extinguidas. Por fin, habremos llegado a una situación teóricamente óptima que permitirá la conquista de la felicidad por los descendientes del *Homo sapiens*, aunque para ello hayan tenido que sacrificar su propia identidad y convertirse en un *Homo sapiens sentiens 2.0*. Pienso de nuevo en esta conclusión y trato de decidir si es una utopía o una distopía. Me ayudo para ello del recuerdo de una conferencia que impartí en un pequeño auditorio asturiano, en cuya primera fila se sentaba un señor ataviado con indumentaria eclesiástica y que prestaba la máxima atención a mis palabras. Aquel día hablé de «¿Qué es la vida?», y, en apenas una hora, recapitulé la esencia molecular de todo el proceso, desde la aparición de la vida sobre la Tierra a partir de sistemas autorreplicantes de ribonucleótidos, hasta la evolución darwiniana que finalmente condujo al surgimiento de una especie capaz de transformar el planeta y hasta a sí misma. Al final de la charla, con una prudencia y discreción exquisitas, aquel señor se acercó al estrado y simplemente me dijo: «Y Dios, ¿dónde queda?».

Mi respuesta fue tan breve como insuficiente; traté de explicarle que la ciencia y la religión tienen objetivos distintos, y que conceptos como el de la trascendencia humana requieren otros viajes de exploración. También dije que a mí me sigue resultando muy difícil entender cómo fue y qué leyes regían el día anterior a aquel día sin ayer, qué es lo que sucedió en el tiempo del Big Bang en el que comenzó este relato de la vida en cuatro letras. Me resulta más fácil imaginar los días sin mañana, así que retomo ahora la pregunta de aquel curioso religioso; pienso en la futura aparición en el planeta Tierra del *Homo sapiens sentiens 2.0*, de sus predecesores y de sus continuadores, y con nostalgia me pregunto a mí mismo: «Y el ser humano, ¿dónde queda? Y su felicidad, ¿dónde se almacena?, ¿cómo se gestiona?».

CAPÍTULO 13

Las claves de la felicidad

Siempre pensé que los avances científicos y tecnológicos solo tienen verdadero sentido si se interpretan bajo un prisma humanista que permita asegurar que el objetivo final no sea otro que el de mejorar la vida humana. Por eso, mientras nos fusionamos con las máquinas ultrainteligentes y ascendemos por la parábola de la virtualidad física y emocional hasta inaugurar la nueva especie *Homo sapiens sentiens 2.0*, tenemos la obligación moral de seguir pensando en otras formas de alcanzar la felicidad aquí y ahora, porque mañana siempre es tarde y porque, como dice la música de Ólafur Arnalds, la felicidad no espera.

Hablar de felicidad es fácil cuando casi todo te ha ido bien en la vida, pero la visión que puedes ofrecer es obligatoriamente limitada. Cuando de pronto la vida te secuestra en su lado más oscuro, se amplía tu foco y entonces comprendes mucho mejor lo que representa la ausencia de felicidad. La sensación de tristeza e infelicidad es fácilmente perceptible, pero pocos pueden explicarla mejor que Jacques Prévert, quien reconoció «la felicidad por el ruido que hizo al marcharse». También debemos asumir que hay tantas formas de entender la felicidad como seres humanos han pisado el planeta Tierra. Cada cual tiene su propio paraíso particular, pero tal vez podamos encontrar en ellos patrones comunes como los que aprenden a reconocer los niños girasol o las máquinas inteligentes. Así, para Ray Kurzweil y sus seguidores, el paraíso es la singularidad; para Borges y algunos otros humanos clásicos, nada mejor que una biblioteca; y, por último, para Fermina Daza y Florentino Ariza, el edén tomó la forma de un barco de la Compañía Fluvial que iba y venía por un río del Caribe. Paraísos tecnológicos, culturales y sentimentales; todos tienen su espacio y su razón de ser. Por eso me pregunto si podemos integrarlos de manera que nos ayuden a formular unas hipotéticas claves generales para la felicidad humana que nos sirvan de guía durante nuestra travesía hacia la tierra prometida de la poshumanidad.

Hace unos años, los oncólogos moleculares Douglas Hanahan y Robert Weinberg publicaron en la revista *Cell* un artículo titulado «The hallmarks of cancer» («Las claves del cáncer») que tuvo un impacto extraordinario porque en él planteaban un esquema general de razonamiento que permitía entender la enorme complejidad, tanto biológica como clínica, de una enfermedad como esta. Para ellos, el cáncer representa la conjunción de diez características bioquímicas adquiridas por las células transformadas y compartidas por la mayoría de los tumores. Siguiendo este modelo, un grupo de científicos europeos (Guido Kroemer, Manuel Serrano, María Blasco, Linda Partridge y yo mismo) formulamos en 2013 las claves del envejecimiento. En nuestro artículo, publicado también en la revista *Cell* y titulado «The hallmarks of aging» («Las claves del envejecimiento»), presentamos por primera vez una visión integrada de todas las complejas alteraciones que subyacen al desarrollo de un proceso biológico que une a todos los seres humanos y nos hace iguales. De acuerdo con nuestra propuesta, existen nueve denominadores comunes en el proceso de envejecimiento de todo organismo, entre los cuales se encuentran los daños moleculares que desencadenan el propio proceso, las respuestas del organismo frente a estos daños y los factores responsables del fenotipo senescente final o, lo que es lo mismo, el aspecto inequívoco que deja en todos nosotros, tanto por dentro como por fuera, el paso del tiempo.[1]

Siguiendo este esquema integrador, que pese a su evidente reduccionismo ha demostrado ser de suma utilidad, se me ocurre pensar que tal vez sea posible extrapolarlo a un estado tan complejo y diverso como es el de la felicidad, intentando conjugar la información científica más novedosa con la obligada e ineludible perspectiva humanista. Mi propuesta particular implica la existencia de cinco claves de la felicidad, aunque, dado el carácter amplio y dinámico de esta, en algunos aspectos puede darse un cierto solapamiento. Estas cinco claves se pueden concretar en cinco palabras: imperfección, reparación, observación, introspección y emoción. La primera englobaría el conjunto de factores primarios que afectan a la felicidad; la reparación, la observación y la introspección formarían parte de nuestra respuesta a estos factores y, por último, la emoción constituiría la clave integradora final.

1. Imperfección

Si fuéramos perfectos seríamos todavía microbios. Han transcurrido más de 3800 millones de años desde que aquellos imperfectos y primitivos mecanismos de copia del material genético sembraron las primeras semillas de vida inteligente en nuestro planeta. La imperfección permitió así la evolución humana, el proceso biológico que nos ha traído hasta aquí. Hasta el código genético tuvo que optar por la degeneración para minimizar los efectos de la inevitable imperfección biológica. Aceptar la imperfección es entender la vida, asumir nuestro humilde pasado microbiano y reconocer nuestras actuales limitaciones, incluyendo la presencia de la enfermedad y la muerte. El rápido progreso de la evolución cultural y tecnológica hace que la lentísima evolución biológica se quede muy atrás en su posibilidad de transformar la vida de las futuras generaciones humanas. Por eso, en algunos sectores sociales se ha instalado la idea de que, gracias a la tecnología, caminamos hacia un estado de invulnerabilidad y perfección en el que pronto se erradicarán todas las enfermedades e incluso se podrá escoger la forma y momento en que se desee morir. Nada de eso me parece cercano ni verdaderamente realizable. Somos seres vulnerables y lo vamos a seguir siendo; los humanos no somos inmortales y nunca lo seremos.

He tenido la fortuna de poder trabajar en algunos proyectos de investigación que traspasan las fronteras del conocimiento científico actual. He asistido maravillado al progreso tecnológico en el ámbito del genoma. He analizado junto con mis colegas grandes masas de datos, lo que ahora se llama Big Data,* mucho antes de que se inventara el término. Hemos podido contribuir al descubrimiento de enfermedades nuevas, al desciframiento de las causas de otras y al desarrollo de tratamientos para hacerles frente. Hemos participado en el estudio de muchas otras patologías que encogen la vida y la felicidad, y he percibido de cerca los límites que en todos estos trabajos nos imponen tanto la entropía como la ignorancia, dos grandes aliadas de esa imperfección humana que aparece una y otra vez ante nosotros.

Aceptar la imperfección biológica no es negar el progreso tecnológico; al contrario, es ponerlo en el contexto adecuado para no caer en sueños imposibles de cumplir o en melancolías imposibles de resolver. Todos sabemos que en muchas ocasiones la tristeza deriva de los afectos no correspondidos o de nuestra incapacidad de cumplir una serie de objetivos concretos en el ámbito material o profesional. Estas debilidades humanas son claras señales de imperfección que debemos tratar de asumir y superar. Personalmente, me reconforta pensar que las propias tristezas también son técnicamente imperfectas y casi siempre muestran en su interior la grieta de Cohen por la que acaba entrando la luz, pese a que en ocasiones cueste mucho encontrarla. De un afecto no correspondido o de un objetivo no logrado pueden surgir nuevas oportunidades que nos ayuden a cambiar y mejorar el curso de nuestra vida. Por último, no dudo de que la anunciada llegada de la singularidad, ese punto de no retorno en nuestra relación de intimidad con la inteligencia artificial, pueda liberar a nuestros descendientes de la imperfección, pero recordando a Rimbaud cuando dijo aquello de «yo es otro», esos seres ya no serían humanos sino «otros», aunque puede que nos recuerden con romántica nostalgia.

Sobre esta base de conocimiento biológico y molecular, me atrevo a concluir que asumir la imperfección es también progresar hacia la felicidad. Hemos visto que el estudio de los lenguajes de la vida nos permite avanzar en la construcción de ecuaciones o fórmulas genómicas que miden la inclinación al bienestar de cada persona e incluso sugieren formas de intervenir en ella para poder mejorarla. Por ahora, estas ideas no son más que un ejercicio académico o una provocación para estimular la curiosidad general por ese mundo genómico que ya ha empezado a implantarse entre nosotros y que es capaz de seleccionar algunos de nuestros talentos y de mejorar algunas de nuestras imperfecciones, especialmente las relacionadas con enfermedades que hoy son incurables. En cualquier caso, debemos aprender una gran lección de los estudios genómicos de los polimorfismos, mutaciones y variaciones humanas: en la lotería genética, unas veces se gana y otras se pierde; son tantas las variables que entran en juego que nadie tiene el patrimonio genómico de la perfección. Debemos aceptar que la felicidad no es una ciencia sólida y perfecta, sino más bien un arte líquido e imperfecto en cuya construcción hay que trabajar duramente cada día, como es natural.

Curiosamente, una de las grandes dificultades a la que nos enfrentamos a la hora de mejorar nuestra sensación subjetiva de bienestar es la propia ignorancia de la sociedad, la mayor parte de la cual desconoce el valor decisivo que tuvo la imperfección biológica para que en nuestro planeta triunfara el improbable milagro de la vida. Como señala Walter Riso, vivimos en una sociedad obsesionada con los ganadores. Sobrevivimos en un tiempo en el que cualquier defecto resulta intolerable, por pequeño que sea. Cualquier error nos cuesta la felicidad, porque la sociedad se dedica a analizarlo (a menudo superficialmente), y luego lo critica, lo amplifica y lo viraliza. Es un juego perverso y universal; toda imperfección se considera un fracaso, y la presión exterior, habitualmente ejercida por seres tóxicos aún más imperfectos que nosotros, acaba por aplastarnos.

Se instala así en nuestra mente la pesada piedra de Sísifo, que no es otra cosa que el temor a la equivocación, a la imperfección. Aumenta la colección de miedos que jibarizan nuestra felicidad y nos hacen soñar con convertirnos en esos ratones carentes de estatmina que viven con despreocupación y alegría, y no le temen a nada. Entramos así en una agotadora espiral de perfeccionismo y ejemplaridad en la que, si además tienes algún don, parece que se te impone la cruel obligación de llevarlo hasta el límite de la perfección. Repaso mi propia vida y recuerdo que prácticamente en todo momento ha habido alguien que, al hilo de nuestro trabajo científico, me ha dicho lo mucho que se espera de mí, el ejemplo que debo dar, las metas que debería alcanzar o los premios que debería recibir; pero son muy pocos los que han tratado de entender mi deseo de ser invisible y feliz, sin abandonar nunca mi compromiso social, académico y científico.

Ser invisible y feliz. No creo que sea pedir demasiado; la ciencia y la naturaleza me han enseñado que la invisibilidad es tan posible como la inmortalidad. No lo digo en nombre de Borges, de quien aprendí que ser inmortal es una cuestión baladí porque todas las criaturas lo son desde el momento en que ignoran la muerte. Lo digo en mi nombre, porque yo mismo he podido saber que los inmortales existen y los he visto en nuestro propio laboratorio: la hidra vulgar y algunas medusas tienen este don natural, aunque pagan un elevado precio por su inmortalidad. Desafortunadamente, ninguna de estas criaturas tiene cerebro ni tampoco corazón. Ni siquiera pueden seguir el emocionante consejo de Rainer Maria Rilke, aquello de «detén mi corazón y latirá mi cerebro». Sabiendo que hay inmortales, no es extraño que también haya entre nosotros seres que pueden volverse invisibles a voluntad. Es el caso del zafiro de mar, uno de los animales más bellos del mundo, que muestra con descaro y desparpajo sus iridiscencias azules, moradas, amarillas o verdes, pero al instante gira su cuerpo y se vuelve invisible. Hoy sabemos que cuando los machos de estos diminutos crustáceos se disponen de espaldas hacia la luz en un ángulo de cuarenta y cinco grados mientras nadan en espiral, la longitud de onda de la luz reflejada sale del intervalo de luz visible y pasa al invisible ultravioleta. Además, me llegan noticias publicadas recientemente en revistas científicas según las cuales un grupo de investigadores ha logrado volver completamente invisible un objeto al iluminarlo con todo el espectro de luz y no solo con la luz de un intervalo concreto de frecuencias.[2] Estimulado por la posibilidad de conseguir una de estas capas de invisibilidad a las que antes solo tenían acceso los magos y los ilusionistas, pero sobre todo tratando de seguir el consejo de Epicuro de Samos (*«lâthe biósas»*, «pasar desapercibido») y soñando con imitar al zafiro de mar que se hace invisible a voluntad, ya solo me queda buscar la manera de ser feliz.

Una de las premisas fundamentales de mi idea de la felicidad es que, habiendo aceptado mis imperfecciones, nunca aspiré a ser el mejor en nada y solo quise disfrutar de las pequeñas cosas de la vida en un lugar bello y discreto. De hecho, leyendo los últimos libros de Meik Wiking y Lola A. Åkerström me he dado cuenta de que practicaba el *hygge* danés o el *lagom* sueco mucho antes de saber que existían. Siguiendo las enseñanzas de Nuccio Ordine, he tratado de comprender la utilidad de lo que a muchos les parece inútil, dando valor a todo lo que hace que la vida sea digna de ser vivida y disfrutada. Además, y de nuevo asumiendo mis imperfecciones, nunca me comparé con nadie, al contrario: procuré rodearme de la gente más inteligente y más bondadosa posible para intentar aprender de todos ellos. La comparación con los demás es para muchos la mejor receta para envenenarse uno solo. Ante esto, basta con despertarse cada mañana y recordarse a uno mismo (el momento más difícil del día según Kafka), y después deberíamos ser conscientes de que comparando nuestra colección natural de imperfecciones no hacemos más que recolectar insatisfacciones. Los sabios clásicos como Lucio Anneo Séneca lo tenían muy claro: «Nunca serás feliz si te atormenta que algún otro sea más feliz que tú».

En suma, aceptar la imperfección es una de las claves de la felicidad. La imperfección forma parte de nuestro legado evolutivo y mientras seamos humanos flotará siempre a nuestro alrededor. No quieras ser perfecto y no permitas que otros quieran que lo seas; no trates de tenerlo todo bajo control, recuerda los mensajes de Leucipo y Monod sobre el azar y la necesidad; aprende a tolerar la incertidumbre, ese espacio difuso que ni los algoritmos más potentes ni las máquinas más inteligentes pueden llenar; no te impongas metas innecesarias o inalcanzables para las que no tienes los talentos genómicos o epigenómicos precisos; no interpretes los fracasos y las adversidades como catástrofes insuperables; al contrario, saca enseñanzas de ellas y recuerda que de aquella gran crisis tóxica y energética de hace más de mil millones de años surgió una oportunidad mitocondrial que nos regaló la vida actual. Recuerda también que, aunque nuestras imperfecciones tal vez avergüencen a las máquinas inteligentes, todavía podemos tomar el relevo del viejo profesor Morrie Schwartz e impartir alguna lección de flexibilidad a los robots.[3] Pese a esta pesada carga de imperfección biológica y social, nuestros lenguajes de la vida nos otorgan la posibilidad de la plasticidad. Los abundantes polimorfismos genéticos de nuestro organismo, los creativos mecanismos de regulación de nuestra información genética, los incansables promotores de nuestros genes, nuestros polivalentes micro-ARN y la explosión de diversidad generada por el ayuste alternativo o por las modificaciones postraduccionales de nuestras proteínas nos mantienen en alerta continua para responder a los contratiempos moleculares y emocionales que surgen de la vida cotidiana. Y cuando todo falle, siempre podremos acudir a las rutas bioquímicas de la biosíntesis de la serotonina o pedir ayuda a nuestro particular maestro zen para que nos ofrezca una dosis extra de alguna molécula mágica que ayude a conseguir felicidad. Así, aumentaremos nuestra confianza, nuestra seguridad y nuestro bienestar, rebajaremos la melancolía y nos convenceremos de que aceptar la imperfección es el primer paso en el difícil camino hacia la felicidad.

2. Reparación

La vida es una actividad de alto riesgo. Somos seres improbables, complejos, imperfectos y, sobre todo, vulnerables. Nuestras células sufren cada día miles de mutaciones, y pese a ello nuestro cuerpo generalmente funciona con tal armonía que, si no estamos atentos a sus propias señales, no somos conscientes de su existencia mientras la vida fluye. Sin necesidad de fusionarnos con ninguna máquina inteligente ni de recurrir a la reprogramación celular o a la edición génica, nuestra esperanza de vida alcanza hoy en día los ochenta años de media, aunque muchos humanos superan con creces esta frontera y llegan a ser centenarios. En este largo tiempo tenemos muchas oportunidades de ser felices, aunque pocos lleguen a alcanzar los catorce días no seguidos de felicidad plena que son, según Abderramán III, el máximo permitido para nuestra especie.

Para conquistar estos límites de longevidad y de felicidad, la evolución nos ha dotado de una nutrida colección de genes que permiten reparar los daños genéticos, cuidan de la estabilidad del genoma y evitan que nuestra vida sea efímera y desesperada. La relevancia biológica y médica de los genes protectores del genoma es evidente, pues no en vano Tomas Lindahl, Paul Modrich y

Aziz Sancar recibieron el Premio Nobel de Química en 2015 por sus hallazgos en este campo. Estos genes dedican todo su tiempo y energía a la reparación de nuestras mutaciones, y, aunque no son perfectos y no pueden corregir todos los daños que por azar o imprudencia acumulamos en el ADN, al menos nos ayudan a sobrevivir el tiempo suficiente para pasar el testigo de la vida a la siguiente generación. Parece lógico imaginar que, si la evolución se ha empeñado en poner a nuestra disposición los medios moleculares precisos para reparar cada día nuestras miles y miles de heridas genómicas, también tendremos alguna oportunidad de recomponer las heridas del alma.

Guiado por mi antiguo discípulo Kenta Watanabe, dirijo una vez más la mirada al país del sol naciente en busca de luz y trato de entender el *kintsukuroi*,* el antiguo arte japonés de recomponer lo roto. Cuando se rompe una pieza de cerámica, los maestros de este arte ancestral la reparan con oro, dejando la cicatriz de la reconstrucción completamente a la vista y sin ningún disimulo, pues para ellos una pieza reconstruida es un símbolo perfecto que aúna fortaleza, fragilidad y belleza. Después, mientras escucho el sonido del *shakuhachi*, una flauta de bambú que acompaña la práctica tradicional japonesa de la meditación sonora, leo el elegante libro de Tomás Navarro sobre el *kintsukuroi* y me pongo a pensar en los fascinantes paralelismos que se pueden encontrar en la reparación de genomas y la reparación de las almas.

Hay errores genómicos tan graves o complejos que no se pueden reparar interviniendo directamente en ellos, pero sí se puede actuar de manera indirecta activando o inhibiendo las rutas bioquímicas de comunicación o señalización que se encuentran por debajo de los defectos primarios. Muchos de los medicamentos que hoy se usan para el tratamiento del cáncer y de otras enfermedades siguen ese principio de actuación y logran regalar vida y esperanza a los pacientes. Análogamente, hay heridas emocionales tan profundas, entre ellas las de la muerte a destiempo, que parecen imposibles de cicatrizar. Sin embargo, la resiliencia humana frente a la adversidad no deja de sorprendernos, y, si bien es cierto que los daños primarios son irreparables, siempre podemos recomponer nuestras ilusiones por vías secundarias, alternativas o complementarias. Debemos recordar también lo aprendido sobre los lenguajes de la vida y considerar que un choque emocional agudo o la tristeza crónica no causan mutaciones en el genoma, aunque inducen cambios epigenéticos y metagenéticos, que, por definición, son reversibles. Por ello, si logramos avanzar en la identificación de estos cambios inducidos por situaciones de estrés emocional, podremos intervenir en ellos mediante estrategias farmacológicas o psicológicas y establecer nuevas vías de felicidad. La práctica continua y disciplinada de actividades como la meditación en cualquiera de sus modalidades cambia los patrones de expresión génica, reduce la respuesta inflamatoria crónica, incrementa la neuroplasticidad, mejora el sistema inmunológico y nos coloca en una situación más favorable a la hora de afrontar daños emocionales que parecen incompatibles con el disfrute de la felicidad.

Como nos recuerda Tomás Navarro, algunos de los grandes logros de la humanidad han sido obra de personas que creían haber tocado fondo y que, afligidas por un sufrimiento terrible, no tuvieron otra opción que agacharse a recoger los pedazos de su alma y reconstruir su vida. Muchas veces he discutido con alguno de mis estudiantes y discípulos las ventajas que tiene llegar al fondo de algo, ya sea de un experimento, de un problema personal o del mismísimo Cañón de Avilés, un gran valle submarino situado a siete millas de la costa asturiana y que, para sorpresa de muchos, se considera el más profundo del mundo. Y no, no es cierto que lo mejor de tocar fondo es que ya no se puede llegar más abajo. La gran ventaja de tocar fondo es que puedes sentarte allí abajo, meditar con serenidad sobre el problema que te llevó a ese lugar y sobre las maneras de afrontarlo, y después repetir un mantra que descubrí en las bolsas de papel que ofrecen los aviones para recoger los efectos secundarios de los mareos: «Respira, ya pasará».

En resumen, siempre nos queda la esperanza de reparar o recomponer todo lo que comprometa o limite nuestra felicidad. Aprende los principios del arte del *kintsukuroi* y aplícalo a tu manera y a tus circunstancias particulares. Recuerda el proverbio japonés «*Nana korobi ya oki*» («Si te caes siete veces, levántate ocho»), que me enseñó una persona que tiene el don de reparar las heridas del alma. No ocultes las cicatrices emocionales que dejan estas caídas y no te avergüences de ellas; son las señales que te recuerdan que has luchado contra el azar y contra la infelicidad, y que has reparado tu vida o incluso creado una nueva en la cual se ha rescatado la esperanza de felicidad.

3. Observación

La observación es la tercera gran clave de la felicidad. Para mí, observar es simplemente estar atento, abrir todos nuestros sentidos a aprehender lo que nos rodea, prestar atención al mundo, a los demás y hasta a nosotros mismos. Aprendí los secretos del arte de observar de mi hijo Daniel, que cambió su formación en psiquiatría por la observación de la naturaleza. Como Pablo Neruda, Daniel va «por el mundo buscando la vida, pájaro a pájaro conoció la tierra». Cuando tienes la suerte de viajar con él, tu objetivo central es observar, ver y escuchar, lo cual es una manera de vivir plenamente en el presente y olvidarte del ruido de la vida. Da lo mismo que la observación se centre en un ave del paraíso azul o en una ballena azul, en una gaviota polar o en un oso polar, en una aurora boreal o en un lince boreal, porque tu mente estará siempre pendiente del ahora y dejará de revolotear continuamente por el pasado. También se abstendrá de merodear por el futuro imaginando escenarios vitales tan dramáticos e improbables que difícilmente ocurrirán, pero que crean en tu interior una atmósfera de negatividad. La tarea es compleja, pues sabemos que, a raíz de nuestro legado evolutivo, el cerebro humano procesa pensamientos negativos durante más del 60 % del tiempo; pero la ciencia también nos enseña que poniendo la máxima atención en lo que nos rodea y en los que nos rodean podemos ganar un poco de felicidad.

Un estudio llevado a cabo en una muestra de 2250 personas por los psicólogos Matthew A. Killingsworth y Daniel T. Gilbert de la Universidad de Harvard y publicado en la revista *Science* demostró que quienes pasan una buena parte de su tiempo divagando mentalmente son más propensos a ser infelices que los individuos cuya vida y pensamientos están más centrados.[4] El título de su artículo, «*A wandering mind is an unhappy mind*» («Una mente errante es una mente infeliz»), es muy revelador, ya que apoya la hipótesis de que la felicidad está, al menos en parte, en vivir el presente. Curiosamente, esta misma valoración del «aquí y ahora» es la idea en torno a la cual se sustentaron algunas escuelas filosóficas y comunidades religiosas del pasado. En las *Odas* del gran Horacio, escritas en el siglo I a. C., ya se instaba a disfrutar del presente: «*Carpe diem, quam minimum credula postero*» («Vive el día de hoy, no te fíes del mañana»). Estas antiguas reflexiones han sido rescatadas recientemente por formas tan publicitadas de meditación como el *mindfulness* o por autores tan notables como Eckhart Tolle y Fabrice Midal. Obviamente, el aprecio del valor del presente no es incompatible con el gozo de esos momentos irrepetibles en los que la mente se entretiene viajando por las rutas de la imaginación y soñando con nuestros particulares paraísos, siempre y cuando en esos sueños no acabe por imponerse la melancolía, ni la del pasado, ni la del futuro.

La observación es un proceso multisensorial que surge de la curiosidad, una de las cualidades que acompañan a la longevidad pero también a la felicidad. Siempre he pensado que mientras mantengamos la curiosidad por la vida tendremos la oportunidad de vivir un poco más y un poco mejor. Es irónico que, en tiempos del *Homo videns*, que tiene la visión como premisa fundamental, observar sea una actividad en desuso. Se impone lo visible frente a lo tangible, y es tal la avalancha de imágenes que se nos viene encima que resulta muy difícil encontrar el tiempo necesario para observar, para movilizar todos nuestros sentidos y no solo la vista, y para mantener la atención en algo o en alguien. Con curiosidad trato de averiguar cuántas imágenes nuevas se publican cada día en Instagram y me quedo anonadado: son ochenta millones, y la cifra va en aumento exponencial. En Facebook se suben más de trescientos millones de fotografías al día y, según los datos de YouTube, a esta plataforma se incorporan más de quinientas horas de vídeo por minuto. Ante estos nilos y amazonas de información visual, a la que se puede acceder simplemente moviendo un dedo por una pantalla de cristal, lo verdaderamente increíble es que se tenga tiempo e interés para prestar atención a la vida.

Observar suele asimilarse a volver los ojos a la naturaleza, como hace mi hijo Daniel o como ha hecho David Haskell, un profesor americano de biología que a lo largo de un año se internó a diario en un bosque para sentarse en una pequeña roca y desde allí contemplar todo lo que le rodeaba.[5] David llamó «mandala» a esa minúscula ventana suya que se abría al universo de hojas, piedras, agua y animales de su alrededor; de esta forma rendía homenaje a la cultura tibetana, que usa este término para designar un círculo de arena de diversos colores en el que simbólicamente está contenido el universo. La observación diaria del bosque desde su mandala particular le llevó a concluir que, en el momento en que prestamos atención, creamos lugares maravillosos. También se dio cuenta de que cada uno de nosotros vive en su particular y complejo mandala, desde el cual podemos observarnos y llegar a comprendernos mejor y con más claridad. En cualquier caso, no es necesario ir a un bosque para observar la vida. Se puede ser un gran observador viviendo en la ciudad;

siempre podemos ser un *flâneur*,* ese paseante ocioso y curioso que va y viene por las calles guiándose únicamente por los designios del azar y prestando la máxima atención a todo lo que le sale al paso. La figura del *flâneur* apareció a principios del siglo XIX en los bulevares de París, y, según Balzac, era el único ser humano verdaderamente feliz en la Ciudad de la Luz. Hoy, cuando la prisa y Google Maps imponen su ley en las grandes metrópolis, el *flâneur* todavía nos proporciona esperanza sobre la solitaria felicidad derivada de la observación urbana.[6]

Observar es también escuchar y para ello no hace falta tener la sinestesia de Vasili Kandinski, que, además de legarnos su maravilloso arte expresionista abstracto, exploró profundamente las conexiones entre los colores y los sonidos. Kandinski reflejó así su primera experiencia sinestésica: «Los violines, los profundos tonos de los contrabajos y, muy especialmente, los instrumentos de viento personificaban entonces para mí toda la fuerza de las horas del crepúsculo. Vi todos mis colores en la mente, estaban ante mis ojos. Líneas salvajes, casi enloquecidas se dibujaron frente a mí». Observar y escuchar conforman dos de los más sencillos mantras de la felicidad. Entre los momentos más gratificantes de mi vida están todos esos encuentros en los que, acogidos por el espacio universitario, acristalado y luminoso que durante tantos viernes ha albergado nuestra consulta científica de genómica social, he podido observar y escuchar a las familias que acuden a nosotros en busca de ayuda. Vidas reales y relatos reales de enfermedades también reales, crudamente reales, que invitan a observar y escuchar para después intentar ayudar, porque no hay que olvidar que toda adversidad es una lección de humanidad.

Observar y escuchar, una y otra vez, como muestra de atención, pero también como demostración de solidaridad, un valor que siempre he considerado como una de las cumbres de la felicidad. Durante muchos años, en ese mismo espacio universitario he discutido con mis estudiantes todos esos experimentos que primero se dibujan en la imaginación y después se ejecutan en el laboratorio. La observación y la atención a todo lo que allí se genera me ha proporcionado también momentos de enorme bienestar emocional, especialmente cuando se produce ese mágico instante de la relación profesor-alumno en el que no sabes si estás enseñando o aprendiendo. Ser profesor no consiste solo en transmitir información; hay que educar además en el asombro por la vida y por el mundo, y enseñar a observar es el primer paso de este afán, para después poder instruir al alumno sobre los fundamentos de nuestras formas de pensar, sentir y ser.

En suma, la observación y la atención plena a lo que nos rodea son esenciales para mejorar nuestra sensación subjetiva de bienestar, ya que la ciencia y la intuición nos dicen que, si queremos ser felices, debemos evitar el pensamiento errático y vivir intensamente el presente. Para facilitar nuestra transición del ver al observar, nada mejor que apoyarnos en valores sencillos como la curiosidad y la solidaridad, dos de los grandes cómplices de la felicidad, y atrevernos a sintonizar nuestros sentidos con el entorno y percibir los sonidos, colores, olores, sabores y texturas del mundo y de sus habitantes.

4. Introspección

Y tras la observación, viene la introspección. En los últimos años, el progreso tecnológico ha puesto en nuestras manos un enorme poder: el de realizar cosas tan asombrosas que son prácticamente indistinguibles de la magia. Sin embargo, los indicadores sociales no reflejan que en conjunto seamos más felices que antaño. Sumergidos en el mar de la incoherencia personal y social, atrapados en la noria de la rutina diaria, indecisos entre la realidad y el deseo, nos deslizamos sobre el ruido de la vida, prestando más atención a lo urgente que a lo verdaderamente importante.

Nos falta introspección, que para mí no es otra cosa que detenerse a pensar un poco cada día cuál es nuestro lugar en el mundo. Recuerdo a Marguerite Yourcenar: «Este hombre en marcha sobre la tierra que gira [...] va también, como todos nosotros, caminando dentro de sí mismo». Y mientras vamos girando con la Tierra y caminando dentro de nosotros mismos hacia el futuro, tenemos que encontrar tiempo para redescubrir el tiempo. No hay que temer al silencio, a la reflexión, a la meditación, pese a que el cerebro humano tienda por naturaleza a negativizar estos aspectos. Un experimento muy citado en los libros de psicología es de lo más ilustrativo en este sentido. Psicólogos de las universidades de Harvard y Virginia estudiaron a un grupo de universitarios a los que únicamente se les pedía que permanecieran solos durante seis minutos sin hacer otra cosa que pensar. Cuando se les ofrecía alguna actividad banal alternativa, prácticamente todos optaban por abandonar la soledad.[7] Sorprendentemente, si lo que se les ofrecía era recibir una pequeña descarga eléctrica, la mayoría prefería recibir este daño antes que seguir sin hacer nada. Miedo a pensar, miedo a la soledad, miedo al silencio, es decir, miedos de todo tipo comprometiendo la felicidad y el bienestar personal.

La vida, con sus luces y sus sombras, con sus ruidos y sus silencios, es siempre un reto para la imaginación, y estudiándola molecularmente le otorgamos una belleza adicional porque entonces somos conscientes del milagro cotidiano que representa nuestra supervivencia. Sin embargo, la mayoría de los seres humanos, tal vez todos, necesitamos de algún estímulo suplementario para poder llenar ese espacio vacío de la materia que descubrió Leucipo de Mileto junto con su discípulo Demócrito de Abdera: «Solo existen los átomos y el espacio vacío, y todo lo demás es opinión». La introspección es la búsqueda natural y sin presión del propósito de la vida, por simple que parezca a unos y por muy disparatado que les parezca a otros. Practicándola nos acercamos al bienestar emocional.

He pasado muchos años estudiando las claves de la vida y de las enfermedades, he aprendido a leer y escribir los complejos genomas de la salud y de la enfermedad con un sencillo alfabeto de cuatro letras; he sido testigo de la capacidad humana de crear nuevos organismos sin tener que esperar miles de millones de años de evolución biológica y he visto cómo mis propias células se pueden reprogramar epigenéticamente y retroceder en el tiempo. Sin embargo, nada de esto me parece tan difícil como encontrar nuestro particular *ikigai*, es decir, el ideal de nuestra vida, la brújula moral que nos oriente en nuestro paso por el mundo mientras avanzamos con prisa hacia el prometido futuro poshumano.

Hemos aprendido que el *ikigai* de una bacteria es crear otra igual, pero nuestros propósitos vitales son muy diversos. Algunos *Homo sapiens* encuentran el sentido de su existencia en el amor o en la familia; otros en el éxito profesional, o en el compromiso social, o en la espiritualidad, o en la religión, o en la apreciación de la belleza en cualquiera de sus manifestaciones naturales, creadas o inventadas, o en la superación de retos personales, físicos o intelectuales, o simplemente en el cultivo del placer sensorial. Hay seres humanos mucho más afortunados que pueden encontrar su sentido o propósito vital en varias de estas dimensiones a la vez, lo cual teóricamente les garantiza una mayor cuota de felicidad. No despreciemos o infravaloremos el propósito de los demás, por muy distinto que sea del nuestro. Son construcciones mentales que nos ayudan a sobrevivir, aunque no todas equivalgan siempre a una mayor felicidad.

Cuando estudiamos la importancia de los lenguajes de la vida para la felicidad humana concluimos que la expresión de los genes cambia en función del propósito vital de cada individuo. Así, las personas que alcanzan el bienestar eudemónico, cuyo propósito vital es altruista y social, y cuya vida se proyecta en los demás, modifican sus patrones de expresión génica de manera muy distinta a los hedonistas, cuyo motivo vital es el mero disfrute de los placeres de la vida. Recordemos que el altruismo va acompañado de una reducción significativa en la expresión de los genes del estrés, al tiempo que se incrementa la de los genes implicados en la respuesta inmunológica que nos defiende de los microorganismos y del cáncer. En cambio, el hedonismo promueve procesos inflamatorios y reduce la resistencia a infecciones víricas. Parece, por tanto, que hay más armonía molecular en el altruismo que en el hedonismo.

En resumen, la introspección ayuda de una manera natural y no forzada a visualizar el propósito de la vida, en cualquiera de sus múltiples manifestaciones. En todas ellas existe la posibilidad de mejorar nuestro bienestar emocional, e incluso en algunos casos, como el de la práctica del altruismo, nos puede ayudar a subir algunos peldaños en la doble hélice de la felicidad.

5. Emoción

Como no podía ser de otro modo, la última clave de la felicidad es la emoción, un concepto muy amplio que integra todas las claves anteriores. Desde el punto de vista biológico, las emociones son las reacciones orgánicas que experimentamos para adaptarnos a todo tipo de estímulos externos. Cuando el balance de estas se inclina del lado de las emociones positivas, la felicidad gana terreno en nuestra vida.

Las emociones nos distinguen y nos impulsan. Surgieron por primera vez hace unos seiscientos millones de años, coincidiendo así con la emergencia de los primeros sistemas nerviosos en algunos seres vivos de nuestro planeta. El neurocientífico portugués Antonio Damasio ha señalado que, cuando se ha intentado describir en términos moleculares todo lo que nos hace humanos y distintos de otras criaturas, se han valorado muy poco las emociones, siempre tan marginadas. En su último libro, *El extraño orden de las cosas*, Damasio plantea que el énfasis de la neurobiología en el lenguaje como creador y escultor de la cultura humana ha minimizado la importancia de las emociones y los sentimientos en el desarrollo del pensamiento cultural de nuestra especie. En una época como la nuestra en que la inteligencia artificial y las máquinas ultrainteligentes aspiran a disputar la supremacía planetaria del *Homo sapiens*, tal vez haya llegado el momento de reivindicar el papel de las emociones, siguiendo a Damasio, y presentarlas como nodos centrales de lo que nos hace humanos y de la felicidad misma. Asumir esta idea implica cambiar nuestra visión del mundo. Situando las emociones en el centro del escenario de nuestra vida podemos llegar a integrar las claves de la felicidad, por cuanto esto facilita la aceptación de las imperfecciones, impulsa las reparaciones o recomposiciones precisas y mejora nuestra capacidad de observación e introspección. Además, muchos estudios científicos avalan la idea de que las emociones positivas contribuyen a mejorar la salud y pueden llegar a compensar algunos de los daños biológicos inducidos por la adversidad.

La primera vez que tuve la impresión de que la emoción es un estado mental global fue al principio de mi carrera científica, cuando oí decir al profesor Severo Ochoa que no hay ninguna sensación comparable a la emoción del descubrimiento. Sin duda, la actividad científica permite, aunque sea muy de cuando en cuando, experimentar esta emoción en todo su esplendor. Sin embargo, el paso del tiempo me ha permitido ampliar mi propia visión, y por eso hoy en día creo que no hay nada comparable a la emoción de vivir o de sentir, la clave final que integra nuestro deseo de recorrer el camino que va de la imperfección a la felicidad. Este camino puede parecer muy largo, tanto como nuestra propia vida, pero hay una forma de completarlo en poco más de ocho minutos. Basta con escuchar a Patti Smith interpretando la canción de Bob Dylan *A hard rain's a-gonna fall* durante la ceremonia de entrega de los Premios Nobel del año 2016. En ese imponente acto, Patti Smith comenzó a cantar con su habitual fuerza natural esta simbólica y bellísima balada escrita por Dylan en 1962, pero, abrumada por la responsabilidad, tras las primeras estrofas se quedó paralizada y no pudo seguir interpretándola. Pasados los primeros momentos de incertidumbre, que parecieron eternos, Patti se recompuso, miró a su entorno y a su interior y, tras una breve introspección, pidió disculpas, retomó su interpretación y la llevó a un nivel de emoción tan profunda que muchos de los presentes en aquel acto tan formal no pudieron contener las lágrimas.[8] Así se pasó de la imperfección a la máxima emoción en el tiempo que dura una canción, y en su interpretación quedan perfectamente integradas todas las claves de la felicidad.

A medida que crece la intensidad del sonido que acompaña a la canción de Dylan, vuelven de nuevo a mi mente los campeones de la felicidad que aparecieron en las primeras páginas de este libro. Confirmo mi impresión inicial de que todos ellos entendieron o entienden bien que para ser feliz hay que conjugar el pensamiento con el sentimiento. Marco, Abderramán, Jeanne, Sammy y Matthieu fueron pioneros en su avance natural hacia el quimerismo del *sapiens-sentiens*, y lo hicieron mucho antes de que se concretase el deseo de aumentar artificialmente las capacidades emocionales, cognitivas y sensoriales humanas hasta llegar al *Homo sapiens sentiens 2.0.* Mientras tanto, sigo pensando, con toda modestia, que nuestro límite de felicidad es el de Abderramán III: catorce días (no seguidos). Por eso me atrevo a concluir este capítulo sobre las claves de la felicidad con 14 breves recomendaciones (seguidas), pues quizá pueden servir a alguien de guía diaria en su búsqueda de la emoción en el planeta de los genes.

1. Haz de tu vida un elogio de la emoción.

2. Vive todo con intensidad; escoge estar emocionado antes que estar calmado o conectado.

3. Ponte en el modo de percibir emociones, empezando por las que surgen de las pequeñas cosas, a imitación del *lagom* sueco o el *hygge* danés, esos sencillos y eficaces caminos que nos permiten recoger bienestar y felicidad.

4. Descubre que la captura continua de emociones reduce los efectos negativos del azar y de la incertidumbre al reforzar las actitudes positivas frente a la inevitable adversidad.

5. Libérate de las presiones propias o ajenas que entrañan obligaciones, pero no regalan emociones.

6. Escribe tu propia ecuación de la felicidad. No es preciso que nadie te descifre el genoma; hay otras fórmulas de la felicidad que nada tienen que ver con la genómica; simplemente suma las emociones positivas y resta las negativas.

7. Recuerda que ninguna emoción envejece más rápido que la de la felicidad, por eso hay que entenderla y disfrutarla en el presente, porque mañana siempre es tarde.

8. Invierte en salud y hazte corresponsable de ella, pues si mantenemos la salud, la ecuación de las emociones crece en valores positivos.

9. Mira a tu alrededor con curiosidad; observa, escucha, lee, aprende algo nuevo cada día, y así la ecuación de las emociones positivas seguirá creciendo.

10. Busca tu propósito vital y, en caso de duda, practica el eudemonismo antes que el simple hedonismo.

11. Piensa que la solidaridad permite alcanzar las cumbres más altas de la felicidad.

12. Practica la alegría cotidiana porque vivir es un milagro molecular renovado cada día; por eso, nunca dejes de corresponder a los afectos cercanos e inventa otros nuevos que te permitan ampliar tu círculo de empatía darwiniana.

13. Evita distraerte con vanidades o con el ruido del mundo; son un pesado lastre si pretendes mejorar tu colección de emociones.

14. Aléjate de polémicas irrelevantes o estériles, entre cuestiones menores se nos escapa la vida; y, aunque algunos te quieran vender la inmortalidad, recuerda siempre que somos seres vulnerables, imperfectos y mortales.

No te extrañes si, una vez adoptadas estas indicaciones, ocupas un buen lugar en la próxima clasificación de los humanos más felices del mundo y no olvides nunca uno de los pensamientos que aprendí de Felicitas de Lechago, una de mis filósofas de cabecera: «La gente alegre vive mucho más; los tristes mueren de miedo».

CAPÍTULO 14

El arte de la felicidad

Hace doscientos mil años, unos aventureros africanos quisieron experimentar la profunda emoción de descubrir de la que hablaba Severo Ochoa e iniciaron una gran expedición que les llevó a colonizar el planeta Tierra. El resultado de este gran experimento colectivo fue la construcción de una única nación, la humanidad, habitada por más de 7600 millones de *Homo sapiens* unidos por un lenguaje genómico de cuatro letras y por un afán común, la conquista de la felicidad.

Como científico, siempre creí que la búsqueda del conocimiento era la clave fundamental que nos permitiría llegar a entender los secretos de la vida. Después de tantos años de estudio apasionado y profundo de la vida y sus moléculas, me acerco ya a la estación del colapso clonal biológico o del poético «tiempo rezagado», que es como la definiría el maestro Brines.[1] Desde ella escribo este libro y llego a la simple conclusión de que la ciencia nos aproxima a la verdad, pero no tiene los secretos del arte de la felicidad.

Con la inestimable ayuda de los casi cien mil millones de neuronas que pueblan mi Vía Láctea mental, trato de encontrar el equilibrio entre los avances científicos y tecnológicos y mi particular visión de las contradicciones que surgen en torno a nuestra percepción de la vida, la enfermedad y la felicidad. Abandono por un instante mi crónica confusión entre la realidad y la fantasía e intento conseguir el balance adecuado entre lo que acontece verdaderamente en el mundo físico y los sueños que construye sin pausa mi predispuesta y entrenada imaginación. Con este propósito, escucho a Carmen Arriagada, quien, mirando con los ojos de Carlos Franz,[2] explica al pintor viajero Moritz Rugendas y al joven naturalista Charles Darwin que ellos no son más que «los portadores de una enfermedad llamada vida humana». Entiendo entonces que después de disfrutar de unos cuantos días de felicidad plena y percibir con nitidez el ruido que hace cuando se va, la emoción de vivir es más sólida que la emoción de descubrir. Releo a Mario Vargas Llosa[3] y, una vez más, llego a la conclusión de que debemos aspirar a que «la vida no se reduzca al pragmatismo de los especialistas que ven las cosas en profundidad, pero ignoran lo que las rodea, precede y continúa. Por eso tenemos que seguir soñando, leyendo y escribiendo, la más eficaz manera que hayamos encontrado de aliviar nuestra condición perecedera, de derrotar a la carcoma del tiempo y de convertir en posible lo imposible».

Acepto su consejo, aparco mi formación científica y trato de seguir soñando, leyendo y escribiendo. Vuelvo los ojos a la literatura y cojo de una estantería de madera un libro de papel, un ejemplar dedicado de *Cien años de soledad* que constituye mi bien más preciado. Al abrirlo, me doy cuenta de que Gabriel García Márquez anticipó las revolucionarias técnicas de edición génica que habrán de dar lugar al *Homo sapiens sentiens 2.0* del futuro poshumano. Utilizando un rotulador negro que parece el propio bisturí genómico CRISPR/Cas9, el novelista molecular colombiano eliminó la palabra «soledad» y la reemplazó por «felicidad». El resultado de este cambio tan sutil —tres mutaciones puntuales (las letras *s, o, e* reemplazadas por *f, e, i*) y una simple inserción de dos grafos (*c, i*)— es conmovedor. Los cien años de soledad se convierten de pronto en un deseo de cien años de felicidad, y la esperanza de una vida plena de emoción se renueva.

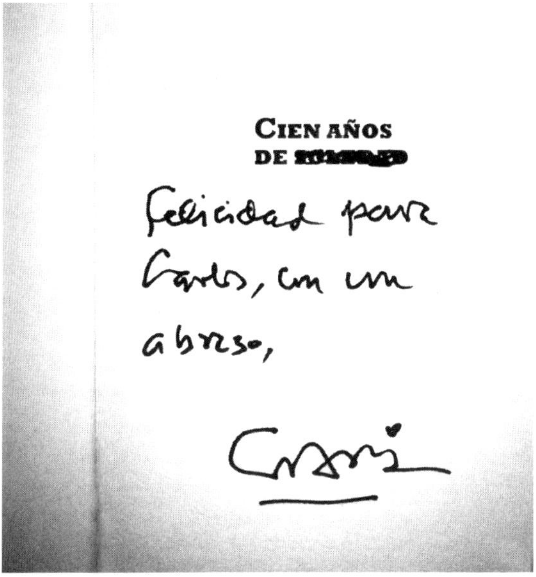

Reconfortado por este maravilloso regalo genómico, escucho de nuevo la música clónica y especular de *Spiegel im Spiegel.* Mientras suena, cierro los ojos y espero que llegue pronto el 28 de julio de 2061, para que cuando vuelva a pasar el cometa Halley por delante de nosotros pueda abrazar su cola con las ya menguadas fuerzas de un centenario *Homo sapiens sentiens* y viajar al espacio exterior en busca de las últimas claves de la verdadera felicidad.

PLAYLIST

Seda y hierro, Antonio Vega
No me importa nada, Luz Casal
L'appuntamento, Ornella Vanoni
Spiegel im Spiegel, Arvo Part
Anthem, Leonard Cohen
Meditación, Jules Massenet
The oh of pleasure, Ray Lynch
Sirens call, Cats on Trees
Tajabone, Ismael Lo
Qualsevol nit pot sortir el sol, Jaume Sisa
Concierto para violonchelo en si menor, Antonín Dvořák / Jacqueline du Pré
Hero, Family of the Year
Variaciones Diabelli, Ludwig van Beethoven
Better together, Jack Johnson
Gent normal, Mancl
Sinfonía de los adioses, Joseph Haydn
Si jamais j'oublie, Zaz
Holocene, Bon Iver
Ave María, Franz Schubert
Chocolat (*banda sonora*), Rachel Portman

Barcarola, Jacques Offenbach
93 million miles, Jason Mraz
Happiness Does Not Wait, Ólafur Arnalds
Shakuhachi, Kōhachirō Miyata
A hard rain's a-gonna fall, Bob Dylan / Patti Smith

NOTAS

CAPÍTULO 1: *SAPIENS Y SENTIENS*: LOS CAMPEONES DE LA FELICIDAD

1. Marco Flaminio Rufo es el protagonista del relato de Jorge Luis Borges titulado «El inmortal», que forma parte de su extraordinario libro *El aleph*.

2. Los detalles de la enfermedad de Sammy Basso se recogen en Gordon, L. B., F. G. Rothman, C. López-Otín y T. Misteli, «Progeria: A paradigm for translational medicine», *Cell*, vol. 156, 2014, págs. 400-407. Se puede encontrar más información sobre Sammy en la página web de la fundación creada por él y por sus padres para la investigación de la progeria, <http://www.progeriaitalia.org/ita/>.

3. El trabajo experimental que llevó a presentar a Matthieu Ricard como el hombre más feliz del mundo se publicó en Lutz *et al.,* «Long-term meditators self-induce high-amplitude gamma synchrony during mental practice», *Proceedings of the National Academy of Sciences of the United States of America (PNAS),* vol. 101, 2004, págs. 16369-16373.

4. Se puede encontrar información adicional sobre la idea de *Homo sentiens* en el libro de Franco Ferrarotti del mismo título publicado en 2002 por Liguori Editori, así como en la página web <http://www.homosentiens.com.ar/>.

Capítulo 2: Las letras de la vida

1. «Una mota de polvo suspendida en un rayo de sol» es una frase de un bellísimo texto de Carl Sagan contenido en su libro *Un punto azul pálido* (Barcelona, Planeta, 2003): «Ahí está. Es nuestro hogar. Somos nosotros. Sobre él ha transcurrido y transcurre la vida de todas las personas a las que queremos, la gente que conocemos o de la que hemos oído hablar y, en definitiva, de todo aquel que ha existido. En ella conviven nuestra alegría y nuestro sufrimiento, miles de religiones, ideologías y doctrinas económicas, cazadores y forrajeadores, héroes y cobardes, creadores y destructores de civilización, reyes y campesinos, jóvenes parejas de enamorados, madres y padres, esperanzadores infantes, inventores y exploradores, profesores de ética, políticos corruptos, *superstars,* "líderes supremos", santos y pecadores de toda la historia de nuestra especie han vivido ahí..., sobre una mota de polvo suspendida en un rayo de sol».

2. Fue el economista John Maynard Keynes quien definió a Newton como el último de los babilonios y los sumerios: «Fue el último de los magos, el último de los babilonios y los sumerios, la última gran mente que contempló el mundo visible e intelectual con los mismos ojos con que se empezó a construir nuestro patrimonio intelectual hace unos diez mil años». La crítica de John Keats a Newton por destruir la poesía del arco iris se recoge en su poema «Lamia», publicado en 1820. Richard Dawkins respondió a esta crítica en su libro *Destejiendo el arco iris* (Barcelona, Tusquets, 2000).

3. El libro *Round about the Earth* de Joyce E. Chaplin (Nueva York, Simon and Schuster, 2012) relata de manera brillante la historia de los grandes descubridores y su circunnavegación planetaria en busca de *terra incognita.*

4. El evocador trabajo de Kjell Sandved sobre la construcción del alfabeto con manchas de las alas de las mariposas se puede encontrar en la web <http://www.butterflyalphabet.com>.

5. El artículo original en el que se describe la estructura en doble hélice del ADN es Watson, J. D. y F. H. Crick, «A structure for deoxyribose nucleic acid», *Nature*, vol. 171, 1953, págs. 737-738. Concluye con una frase que resultó esencial para el progreso de la biología: «No se nos ha pasado por alto que el apareamiento específico [de bases] que hemos postulado indica que puede haber algún

mecanismo de copia en el material genético». Una biografía muy interesante que recoge la decisiva contribución de Rosalind Franklin a este trabajo es la escrita por Brenda Maddox, *Rosalind Franklin, the dark lady of DNA* (Nueva York, HarperCollins, 2002).

Capítulo 3: Del sueño de una bacteria a la mente humana

1. Se puede encontrar más información sobre las mitocondrias y sobre sus funciones en la vida y en la muerte celular en los excelentes libros de divulgación científica publicados por Nick Lane, especialmente en el titulado *Power, sex, suicide: Mitochondria and the meaning of life* (Nueva York, Oxford University Press, 2005).

2. Las reflexiones de Elias Canetti sobre lo sencillo que resulta morirse se recogen en *El libro contra la muerte* (Barcelona, Galaxia Gutenberg, 2017).

3. Magda Lemonnier es la protagonista del microrrelato «Ventana sobre la palabra (IV)» de Eduardo Galeano. «Magda Lemonnier recorta palabras de los diarios, palabras de todos los tamaños, y las guarda en cajas. En caja roja guarda las palabras furiosas. En caja verde, las palabras amantes. En caja azul, las neutrales. En caja amarilla, las tristes. Y en caja transparente guarda las palabras que tienen magia. A veces, ella abre las cajas y las pone boca abajo sobre la mesa, para que las palabras se mezclen como quieran. Entonces, las palabras le cuentan lo que ocurre y le anuncian lo que ocurrirá».

4. Las distintas formas de muerte celular y sus funciones fisiológicas y patológicas se describen detalladamente en Galluzzi *et al.*, «Molecular mechanisms of cell death: Recommendations of the Nomenclature Committee on Cell Death 2018», *Cell Death and Differentiation,* vol. 25, 2018, págs. 486-541.

5. La relevancia del gen *FOXP2* en la evolución del lenguaje se describe en artículos como Enard *et al.,* «Molecular evolution of *FOXP2*, a gene involved in speech and language», *Nature*, vol. 418, 2002, págs. 869-872; y Krause *et al.*, «The derived *FOXP2* variant of modern humans was shared with Neandertals», *Current Biology,* vol. 17, 2007, págs. 1908-1912. Se puede encontrar más información sobre los últimos experimentos que han cuestionado algunas de las conclusiones iniciales respecto al valor de *FOXP2* en la evolución del len-

guaje en Atkinson *et al.,* «No evidence for recent selection at *FOXP2* among diverse human populations», *Cell,* vol. 174, 2018, págs. 1424-1435.

6. La cita entrecomillada está extraída del primer párrafo de *Cien años de soledad,* de Gabriel García Márquez: «El mundo era tan reciente, que muchas cosas carecían de nombre, y para mencionarlas había que señalarlas con el dedo».

7. La maravillosa exposición de García Márquez sobre la evolución biológica hasta llegar a los «seres humanos capaces de cantar mejor que los pájaros y morirse de amor» proviene de su conferencia «El cataclismo de Damocles», pronunciada en Ixtapa (México) el 6 de agosto de 1986, en el 41.º aniversario de la bomba de Hiroshima.

Capítulo 4: Las imperfecciones de la vida

1. Los trabajos originales sobre el descubrimiento de los síndromes de Néstor-Guillermo (NGPS) y Bella-Enric-Loewie (ANPS) se encuentran en Puente *et al.*, «Exome sequencing and functional analysis identifies *BANF1* mutation as the cause of a hereditary progeroid syndrome», *American Journal of Human Genetics,* vol. 88, 2011, págs. 650-656; Cabanillas *et al.*, «Néstor-Guillermo progeria syndrome: a novel premature aging condition with early onset and chronic development caused by *BANF1* mutations», *American Journal of Medical Genetics,* vol. 155A, 2011, págs. 2617-2625; y Soria-Valles *et al.,* «Novel *LMNA* mutations cause an aggressive atypical neonatal progeria without progerin accumulation», *Journal of Medical Genetics*, vol. 53, 2016, págs. 776-785.

2. Los datos sobre errores no forzados se refieren al partido de tenis disputado el 10 de septiembre de 2017 entre Rafael Nadal y el sudafricano Kevin Anderson en la final del Open de Estados Unidos. Nadal venció a su rival por 6-3, 6-3 y 6-4.

3. La información sobre la relevancia del ayuste alternativo del gen *Dscam* en la conectividad neuronal se describe en Hattori *et al.*, «Dscam diversity is essential for neuronal wiring and self-recognition», *Nature*, vol. 449, 2007, págs. 223-227.

4. La descripción de la importancia de las células *stem* en el desarrollo del cáncer se revisa de manera excelente en Batlle, E. y H.

Clevers, «Cancer stem cells revisited», *Nature Medicine,* vol. 23, 2017, págs. 1124-1134.

Capítulo 5: Los lenguajes de la vida

1. La cita «La vida es un largo verso interminable» pertenece al poema «Ángelus», escrito por Gerardo Diego en 1920 y dedicado a Antonio Machado.

2. La novela *El gran imaginador* de Juan Jacinto Muñoz Rengel recrea de manera brillante la historia del manuscrito Voynich. En 2017, el investigador inglés Nicholas Gibbs anunció que había descifrado el contenido general de este manuscrito, pero sus conclusiones han sido ampliamente rebatidas por expertos como John Overholt, Lisa Fagin Davis y Juan F. Mesa-Sanz. El 30 de enero de 2018, un grupo de investigadores de la Universidad de Alberta, utilizando técnicas de inteligencia artificial, concluyó que el manuscrito Voynich estaba escrito con alfagramas hebreos. Sin embargo, estas conclusiones también han sido criticadas, lo cual deja todavía abierta la cuestión del contenido y significado del manuscrito Voynich.

3. Detalles adicionales sobre el origen y la evolución del código genético y sobre las fascinantes posibilidades actuales de expandirlo y modificarlo se pueden encontrar en Koonin, E. V. y A. S. Novozhilov, «Origin and evolution of the universal genetic code: The universal enigma», *Annual Review of Genetics,* vol. 51, 2017, págs. 45-62; Chin, J. W., «Expanding and reprogramming the genetic code», *Nature,* vol. 550, 2017, págs. 53-60; y Zhang, Y. y F. E. Romesberg, «Semisynthetic organisms with expanded genetic codes», *Biochemistry*, vol. 57, 2018, págs. 2177-2178.

4. La historia de Diógenes de Enoanda y el muro de piedra en el que se inscribieron los mensajes fundamentales de la filosofía hedonista de Epicuro se describe de manera rigurosa y exhaustiva en el libro *El sabio camino hacia la felicidad*, de Carlos García Gual (Barcelona, Ariel, 2016).

5. Información adicional sobre los polimorfismos genéticos que influyen en diversas características físicas del ser humano, así como en sus talentos y enfermedades se puede encontrar en Sturm, R. A., «Molecular genetics of human pigmentation diversity», *Human Mo-*

lecular Genetics, vol. 18, 2009, págs. R9-R17; Hennis *et al.,* «Genetic factors associated with exercise performance in atmospheric hipoxia», *Sports Medicine,* vol. 45, 2015, págs. 745-761; Pickering, C. y J. Kiely, «*ACTN3*: More than just a gene for speed», *Frontiers in Physiology,* vol. 8, 2017, artículo 1080; Tan *et al.,* «The genetic basis of music ability», *Frontiers in Psychology,* vol. 5, 2014, artículo 658; Cuyvers, E. y K. Sleegers, «Genetic variations underlying Alzheimer's disease: Evidence from genome-wide association studies and beyond», *The Lancet Neurology,* vol. 15, 2016, págs. 857-868; y Chakravorty, S. y M. Hegde, «Inferring the effect of genomic variation in the new era of genomics», *Human Mutation,* vol. 39, 2018, págs. 756-773.

6. La cita «golpe a golpe, verso a verso» procede de una mítica canción de Joan Manuel Serrat basada en un poema de Antonio Machado incluido en «Proverbios y cantares», en *Campos de Castilla.*

7. Diversos artículos han revisado recientemente el concepto y las aplicaciones de la epigenética, entre ellos Chen *et al.*, «Epigenetic regulation: a new frontier for biomedical engineers», *Annual Review of Biomedical Engineering,* vol. 19, 2017, págs. 195-219; Keating *et al.,* «Epigenetic changes in diabetes and cardiovascular risk», *Circulation Research,* vol. 118, 2016, págs. 1706-1722; Nebbioso *et al.,* «Cancer epigenetics: Moving forward», *PLoS Genetics,* vol. 14, 2018, artículo e1007362; y Feinberg, A. P., «The key role of epigenetics in human disease prevention and mitigation», *New England Journal of Medicine,* vol. 378, 2018, págs. 1323-1334.

8. Entre los numerosos artículos sobre la importancia del microbioma y el metagenoma en la salud y en la enfermedad podemos destacar Knight *et al.*, «The microbiome and human biology», *Annual Review of Genomics and Human Genetics,* vol. 18, 2017, págs. 65-86; Nayfach y Pollard, «Toward accurate and quantitative comparative metagenomics», *Cell,* vol. 166, 2016, págs. 1105-1116; Schroeder y Bäckhed, «Signals from the gut microbiota to distant organs in physiology and disease», *Nature Medicine,* vol. 22, 2016, págs. 1079-1089; y Kundu *et al.,* «Our gut microbiome: the evolving inner self», *Cell,* vol. 171, 2017, págs. 1481-1493.

Capítulo 6: Armonía o entropía: orden en el laberinto

1. Se puede obtener más información sobre el concepto de regulación biológica y sobre la importancia de los promotores y los factores de transcripción en este proceso en Cheng *et al.*, «Principles of regulatory information conservation between mouse and human», *Nature*, vol. 515, 2014, págs. 371-375; Inukai *et al.,* «Transcription factor-DNA binding: beyond binding site motifs», *Current Opinion in Genetics and Development,* vol. 43, 2017, págs. 110-119; Stampfel *et al.,* «Transcriptional regulators form diverse groups with context-dependent regulatory functions», *Nature*, vol. 528, 2015, págs. 147-151; y Reiter *et al.,* «Combinatorial function of transcription factors and cofactors», *Current Opinion in Genetics and Development,* vol. 43, 2017, págs. 73-81.

2. Las funciones de los micro-ARN en la regulación de los procesos biológicos se revisan de manera excelente en D. P. Bartel, «Metazoan microRNAs», *Cell,* vol. 173, 2018, págs. 20-51; y Gebert y MacRae, «Regulation of microRNA function in animals», *Nature Reviews Molecular Cell Biology,* vol. 20, 2019, págs. 21-37.

3. Los siguientes artículos recogen información acerca de las nuevas familias de ARN que no codifican proteínas y que recientemente han sido descubiertas en el lado oscuro del genoma: Kopp y Mendell, «Functional classification and experimental dissection of long noncoding RNAs», *Cell*, vol. 172, 2018, págs. 393-407; Huarte, M., «The emerging role of lncRNAs in cancer», *Nature Medicine,* vol. 21, 2015, págs. 1253-1261; Jorjani *et al.,* «An updated human snoRNAome», *Nucleic Acids Research,* vol. 44, 2016, págs. 5068-5082; Ulitsky, I., «Interactions between short and long noncoding RNAs», *FEBS Letters,* 2018, doi: 10.1002/1873-3468.13085; Hombach y Kretz, «Non-coding RNAs: classification, biology and functioning», *Advances in Experimental Medicine and Biology,* vol. 937, 2016, págs. 3-17; Ponnusamy *et al.,* «PIWI family emerging as a decisive factor of cell fate: An overview», *European Journal of Cell Biology,* vol. 96, 2017, págs. 746-757; y Gaiti *et al.,* «Origin and evolution of the metazoan non-coding regulatory genome», *Developmental Biology,* vol. 427, 2017, págs. 193-202.

Capítulo 7: La lógica molecular de la enfermedad

1. Los detalles del descubrimiento de las mutaciones en el gen *FLNC* que causan muerte súbita se pueden encontrar en Valdés-Mas *et al.*, «Mutations in filamin C cause a new form of familial hypertrophic cardiomyopathy», *Nature Communications,* vol. 5, 2014, artículo 5326.

2. Los siguientes artículos proporcionan información adicional sobre la posibilidad de tener hijos con tres progenitores para corregir enfermedades mitocondriales: Dimond y Stephens, «Three persons, three genetic contributors, three parents: Mitochondrial donation, genetic parenting and the immutable grammar of the "three x x"», *Health* (Londres), vol. 2, 2018, págs. 240-258; Herbrand, C., «Mitochondrial replacement techniques: Who are the potential users and will they benefit?», *Bioethics,* vol. 31, 2017, págs. 46-54; Callaway, E., «Three-person embryos may fail to vanquish mutant mitocondria», *Nature,* vol. 533, 2016, págs. 445-446; Vogel, «Assisted reproduction: FDA considers trials of three-parent embryos», *Science,* vol. 343, 2014, págs. 827-828.

3. Selección de artículos sobre los tratamientos epigenéticos aplicados a enfermedades hematológicas como la leucemia y los linfomas: Leslie y Younes, «Targeting oncogenic and epigenetic survival pathways in lymphoma», *Leukemia and Lymphoma,* vol. 54, 2013, págs. 2365-2376; Jones *et al.,* «Targeting the cancer epigenome for therapy», *Nature Reviews Genetics,* vol. 17, 2015, págs. 630-641; Ferrando y López-Otín, «Clonal evolution in leukemia», *Nature Medicine,* vol. 23, 2017, págs. 1135-1145; Bohl *et al.,* «Epigenetic therapy: azacytidine and decitabine in acute myeloid leukemia», *Expert Review of Hematology,* vol. 11, 2018, págs. 361-371. Koschmieder y Vetrie, «Epigenetic dysregulation in chronic myeloid leukaemia: A myriad of mechanisms and therapeutic options», *Seminars in Cancer Biology,* vol. 51, 2018, págs. 180-197; Gisselbrecht y Sibon, «New perspectives in the therapeutic approach of peripheral T-cell lymphoma», *Current Opinion in Oncology,* vol. 30, 2018, págs. 285-291; Kühnl *et al.,* «Beyond genomics: Targeting the epigenome in diffuse large B-cell lymphoma», *Cancer Treatment Reviews,* vol. 59, 2017, págs. 132-137.

4. Más información sobre los beneficios del microbioma y de los

probióticos, prebióticos y posbióticos para nuestra salud en Routy *et al.*, «The gut microbiota influences anticancer immunosurveillance and general health», *Nature Reviews Clinical Oncology,* vol. 15, n.º 6, 2018, págs. 382-386; Cavallari *et al.,* «Muramyl dipeptide-based postbiotics mitigate obesity-induced insulin resistance via IRF4», *Cell Metabolism,* vol. 25, 2017, págs. 1063-1074; Ojeda *et al.,* «Nutritional modulation of gut microbiota: The impact on metabolic disease pathophysiology», *The Journal of Nutritional Biochemistry,* vol. 28, 2016, págs. 191-200; Gosálbez y Ramón, «Probiotics in transition: Novel strategies», *Trends in Biotechnology,* vol. 33, 2015, págs. 195-196; y Sarkar *et al.,* «The microbiome in psychology and cognitive neuroscience», *Trends in Cognitive Sciences,* vol. 22, 2018, págs. 611-636.

5. Se puede encontrar información detallada sobre los nuevos tratamientos de terapia génica aplicados a la epidermólisis bullosa en Hirsch *et al.,* «Regeneration of the entire human epidermis using transgenic stem cells», *Nature,* vol. 551, 2017, págs. 327-333.

6. La cita completa del artículo que describe la aplicación de la terapia génica para tratar la adrenoleucodistrofia cerebral es Eichler *et al.,* «Hematopoietic stem-cell gene therapy for cerebral adrenoleukodystrophy», *The New England Journal of Medicine,* vol. 377, 2017, págs. 1630-1638.

Capítulo 8: Nuevos elixires de felicidad

1. Más información sobre los tumores hereditarios en Real-Arribas *et al.*, «Genes, herencia y cáncer», en Farreras-Rozman, *Medicina Interna,* dir. C. Rozman, Madrid, Elsevier, 2017.

2. El primer trabajo de secuenciación del genoma de un tumor se recogió en Ley *et al.*, «DNA sequencing of a cytogenetically normal acute myeloid leukaemia genome», *Nature,* vol. 456, 2008, págs. 66-72.

3. Entre los trabajos representativos del Consorcio Español para el Estudio del Genoma del Cáncer, que se ha centrado principalmente en el desciframiento del genoma de la leucemia linfática crónica, cabe citar Puente *et al.*, «Whole-genome sequencing identifies recurrent mutations in chronic lymphocytic leukemia», *Nature,* vol. 475, 2011, págs. 101-105; Quesada *et al.,* «Exome sequencing identifies

recurrent mutations of the splicing factor *SF3B1* gene in chronic lymphocytic leukemia», *Nature Genetics,* vol. 44, 2012, págs. 47-52; Ramsay *et al.,* «*POT1* mutations cause telomere dysfunction in chronic lymphocytic leukemia», *Nature Genetics,* vol. 45, 2013, págs. 526-530 ; Puente *et al.,* «Non-coding recurrent mutations in chronic lymphocytic leukaemia», *Nature,* vol. 526, 2015, págs. 519-524; y Beekman *et al.,* «The reference epigenome and regulatory chromatin landscape of chronic lymphocytic leukemia», *Nature Medicine,* vol. 24, 2018, págs. 868-880.

4. La cita usada para comparar la magnitud del mar con la de un genoma pertenece al microrrelato «El mar», de Eduardo Galeano: «Diego no conocía la mar. El padre, Santiago Kovadloff, lo llevó a descubrirla. Viajaron al sur. Ella, la mar, estaba más allá de los altos médanos, esperando. Cuando el niño y su padre alcanzaron por fin aquellas cumbres de arena, después de mucho caminar, la mar estalló ante sus ojos. Y fue tanta la inmensidad de la mar, y tanto su fulgor, que el niño quedó mudo de hermosura. Y cuando por fin consiguió hablar, temblando, tartamudeando, pidió a su padre: "¡Ayúdame a mirar!"».

5. Puede encontrarse una revisión general de los resultados de los distintos proyectos sobre los genomas del cáncer en Samuels *et al.*, «The Cancer Genome», en DeVita, V. T., T. S. Lawrence y S. A. Rosenberg (comps.), *Cancer: Principles and practice of oncology,* Filadelfia, Lippincott Williams & Wilkins, 2018.

6. Los primeros trabajos de Shinya Yamanaka sobre la reprogramación celular se encuentran en Takahashi y Yamanaka, «Induction of pluripotent stem cells from mouse embryonic and adult fibroblast cultures by defined factors», *Cell,* vol. 126, 2006, págs. 663-676; y Takahashi *et al.,* «Induction of pluripotent stem cells from adult human fibroblasts by defined factors», *Cell,* vol. 131, 2007, págs. 861-872.

7. Una visión actualizada de las posibilidades terapéuticas de las células iPS se puede encontrar en Takahashi y Yamanaka, «A decade of transcription factor-mediated reprogramming to pluripotency», *Nature Reviews Molecular Cell Biology,* vol. 7, 2016, págs. 183-193. La referencia completa del artículo que describe los resultados del primer tratamiento efectivo que ha empleado células iPS es Mandai *et al.,* «Autologous induced stem-cell-derived retinal cells for macular degeneration», *The New England Journal of Medicine,* vol. 376, 2017, págs. 1038-1046.

8. El primer artículo que describió la técnica de edición génica CRISPR/Cas9 utilizada en los grupos de Jennifer Doudna y Emmanuelle Charpentier fue Jinek *et al.*, «A programmable dual-RNA-guided DNA endonuclease in adaptive bacterial immunity», *Science*, vol. 337, 2012, págs. 816-821. Los primeros trabajos que demostraron la aplicabilidad de esta técnica en células humanas fueron Cong *et al.*, «Multiplex genome engineering using CRISPR/Cas systems», *Science*, vol. 339, 2013, págs. 819-823; y Mali *et al.*, «RNA-guided human genome engineering via Cas9», *Science,* vol. 339, págs. 823-826, 2013.

9. Las aplicaciones futuras de la edición génica se discuten ampliamente en los libros publicados recientemente por J. Doudna y G. Church: Doudna, Jennifer y Samuel Sternberg, *A crack in creation: The new power to control evolution,* Boston, Houghton Mifflin Harcourt, 2017; Church, George y Ed Regis, *Regenesis: How synthetic biology will reinvent nature and ourselves,* Nueva York, Basic Books, 2014.

10. La idea de Arthur Schopenhauer de que la felicidad consiste esencialmente en ausencia de enfermedad se discute en su libro *El arte de ser feliz* (Barcelona, Herder, 2016).

11. Un excelente libro sobre la evolución de la consciencia es *Otras mentes: el pulpo, el mar y los orígenes profundos de la consciencia,* de Peter Godfrey-Smith (Barcelona, Taurus, 2017).

Capítulo 9: Los genes de la felicidad

1. Las ideas de Mihaly Csikszentmihalyi sobre la entropía psíquica están recogidas en su libro *Fluir: una psicología de la felicidad* (Barcelona, Kairós, 1997).

2. La cita completa del trabajo de David T. Lykken y sus colaboradores que demostró que compartir los mismos genes es un factor determinante de la percepción subjetiva del bienestar es Bouchard *et al.*, «Sources of human psychological differences: the Minnesota study of twins reared apart», *Science,* vol. 250, 1990, págs. 223-228.

3. El estudio de la influencia del azar y la genética sobre la felicidad de Lykken y Tellegen se puede encontrar en «Happiness is a stochastic phenomenon», *Psychological Science,* vol. 7, 1996, págs. 186-189.

4. Entre los trabajos que han permitido identificar diversos genes candidatos que podrían contribuir a la heredabilidad de la felicidad ocupa un lugar destacado Okbay *et al.,* «Genetic variants associated with subjective well-being, depressive symptoms, and neuroticism identified through genome-wide analyses», *Nature Genetics,* vol. 48, 2016, págs. 624-633.

5. La identificación de variantes en el gen *SLC6A4* asociadas con la percepción del bienestar se recogen en De Neve *et al.,* «Genes, Economics, and Happiness», *Journal of Neuroscience, Psychology, and Economics,* vol. 5, n.º 4, 2012; y De Neve, J. E., «Functional polymorphism (*5-HTTLPR*) in the serotonin transporter gene is associated with subjective well-being: Evidence from a US nationally representative simple», *Journal of Human Genetics,* vol. 56, 2011, págs. 456-459.

6. Información adicional sobre la influencia emocional de las variantes del gen *SLC6A4* se puede encontrar en Haase *et al.,* «Short alleles, bigger smiles?: The effect of *5-HTTLPR* on positive emotional expressions», *Emotion,* vol. 15, 2015, págs. 438-448.

7. El primer estudio que refiere la relación de variantes en el gen *FAAH* con la percepción de la felicidad es Minkov y Bond, «A genetic component to national differences in happiness», *Journal of Happiness Studies,* vol. 18, n.º 2, 2015, doi:10.1007/s10902-015-9712-y.

8. El estudio en ratones modificados genéticamente que avala la relevancia emocional de variantes en el gen *FAAH* es Dincheva *et al.,* «*FAAH* genetic variation enhances fronto-amygdala function in mouse and human», *Nature Communications,* vol. 6, 2015, pág. 6395.

9. El trabajo que condujo a sugerir la asociación de variantes en el gen *VMAT2* con la espiritualidad humana se presenta en *The God gene,* de Dean Hamer (Nueva York, Random House, 2005).

10. Información adicional sobre las funciones biológicas del gen *VMAT2* se puede encontrar en Colebrooke *et al.,* «Age-related decline in striatal dopamine content and motor performance occurs in the absence of nigral cell loss in a genetic mouse model of Parkinson's disease», *European Journal of Neuroscience,* vol. 24, 2006, págs. 2622-2630.

11. Se puede encontrar más información sobre los genes relacionados con la percepción del miedo en Hamada *et al.,* «Lipoid proteinosis maps to 1q21 and is caused by mutations in the extracellular

matrix protein 1 gene (*ECM1*)», *Human Molecular Genetics,* vol. 11, 2002, págs. 833-840; y Lupo *et al.,* «A novel mutation of the extracellular matrix protein 1 gene (*ECM1*) in a patient with lipoid proteinosis (Urbach-Wiethe disease) from Sicily», *British Journal of Dermatology,* vol. 153, 2005, págs. 1019-1022.

12. Nuevos datos experimentales sobre la percepción del miedo en pacientes con mutaciones en el gen *ECM1* se recogen en Feinstein *et al.*, «Fear and panic in humans with bilateral amygdala damage», *Nature Neuroscience,* vol. 16, 2013, págs. 270-272.

13. Puede hallarse una interesante entrevista con la paciente S. M. cuya mutación en el gen *ECM1* le impide tener miedo en la web <https://www.washingtonpost.com/news/speaking-of-science/wp/2015/01/20/meet-the-woman-who-cant-feel-fear/?noredirect=on&utm_term=. e8e06aff291d>.

14. Artículos que recogen el trabajo sobre la relevancia de la estatmina en la percepción del miedo: Shumyatsky *et al.,* «Stathmin, a gene enriched in the amygdala, controls both learned and innate fear», *Cell,* vol. 123, 2005, págs. 697-709; y Martel *et al.,* «Stathmin reveals dissociable roles of the basolateral amygdala in parental and social behaviors», *PNAS,* vol. 105, 2008, págs. 14620-14625.

15. Algunos de los artículos referidos a genes relacionados con la percepción del dolor son Cox *et al.*, «An *SCN9A* channelopathy causes congenital inability to experience pain», *Nature,* vol. 444, 2006, págs. 894-898, 2006; Isensee *et al.,* «Synergistic regulation of serotonin and opioid signaling contributes to pain insensitivity in *Nav1.7* knockout mice», *Science Signaling,* vol. 10, n.º 461, 2017; Habib *et al.,* «A novel human pain insensitivity disorder caused by a point mutation in *ZFHX2*», *Brain,* vol. 141, 2018, págs. 365-376; Chen *et al.,* «Transcriptional regulator *PRDM12* is essential for human pain perception», *Nature Genetics,* vol. 47, 2015, págs. 803-808; y Liu *et al.,* «Novel *NTRK1* frameshift mutation in congenital insensitivity to pain with anhidrosis», *Journal of Child Neurology,* vol. 30, 2015, págs. 1357-1361, 2015.

16. Puede encontrarse una emotiva entrevista con Ashlyn Blocker, la niña que era insensible al dolor debido a las mutaciones experimentadas en su gen *SCN9A*, en: <https://www.nytimes.com/2012/11/18/magazine/ashlyn-blocker-feels-no-pain.html>.

Capítulo 10: Los otros lenguajes de la felicidad

1. Entre los artículos en los que se plantea que la meditación mejora el estado de salud y aumenta la sensación de bienestar subjetivo destaca Epel *et al.*, «Meditation and vacation effects have an impact on disease-associated molecular phenotypes», *Translational Psychiatry,* vol. 6, n.° 8, 2016, artículo e880.

2. Más información sobre la relación entre altruismo, bienestar, salud y reducción de respuestas inflamatorias se puede encontrar en Fredrickson *et al.,* «A functional genomic perspective on human well-being», *PNAS,* vol. 110, 2013, págs. 13684-13689; y Jutagir *et al.,* «Social well-being is associated with less pro-inflammatory and pro-metastatic leukocyte gene expression in women after surgery for breast cancer», *Breast Cancer Research and Treatment,* vol. 165, 2017, págs. 169-180. No obstante, debe señalarse que ciertos aspectos metodológicos de algunos de estos trabajos han sido ampliamente criticados por otros autores como Brown *et al.*, «A critical reanalysis of the relationship between genomics and well-being», *PNAS,* vol. 111, 2014, págs. 12705-12709.

3. Los versos de Luis Cernuda «ese blanco desierto ilimitado, / esa nada creadora» se han extraído del poema «La visita de Dios», incluido en el poemario *Las nubes,* escrito durante la guerra civil española.

4. Información adicional sobre la epidemia de risa en una región de Tanzania: Rankin y Philip, «An epidemic of laughing in the Bukoba district of Tanganyika», *Central African Journal of Medicine,* vol. 9, 1963, págs. 167-170; Boss, L. P., «Epidemic hysteria: A review of the published literature», *Epidemiologic Reviews,* vol. 19, 1997, págs. 233-243; y Balaratnasingam y Janca, «Mass hysteria revisited», *Current Opinion in Psychiatry,* vol. 19, 2006, págs. 171-174.

5. Más información sobre el trabajo de Robert Waldinger y Nicholas Christakis acerca de la consideración de la felicidad como fenómeno colectivo en Landes *et al.,* «Childhood adversity, midlife generativity, and later life well-being», *The Journal of Gerontology: Series B, Psychological Sciences and Social Sciences,* vol. 69, 2014, págs. 942-952; Malone *et al.,* «Midlife Eriksonian psychosocial development: setting the stage for late-life cognitive and emotional health», *Developmental Psychology,* vol. 52, 2016, págs. 496-508; Martin-Joy *et al.,*

«Development of adaptive coping from mid to late life: a 70-year longitudinal study of defense maturity and its psychosocial correlates», *The Journal of Nervous and Mental Disease,* vol. 205, 2017, págs. 685-691; Fowler y Christakis, «Dynamic spread of happiness in a large social network: Longitudinal analysis over 20 years in the Framingham Heart Study», *BMJ,* vol. 338, 2008, doi: 10.1136/bmj.a2338; Shirado y Christakis, «Locally noisy autonomous agents improve global human coordination in network experiments», *Nature,* vol. 545, 2017, págs. 370-374; Shakya y Christakis, «Association of Facebook use with compromised well-being: A longitudinal study», *American Journal of Epidemiology,* vol. 185, 2017, págs. 203-211. En el enlace siguiente puede encontrarse una charla TED de Robert Waldinger que ha sido escuchada por más de 22 millones de personas: <https://www.ted.com/talks/robert_waldinger_what_makes_a_good_life_lessons_ from_the_longest_study_on_happiness>.

6. El libro *Yo contengo multitudes* de Ed Jong (Barcelona, Debate, 2017) se centra en la discusión de la importancia del microbioma para nuestra salud y recrea en su título el verso de Walt Whitman «Yo soy inmenso, contengo multitudes» incluido en su poema «El pasado y el presente se marchitan».

Capítulo 11: El azar y la felicidad

1. La idea de crear organismos espejo ha sido discutida por la ciencia desde tiempos de Pasteur y fue abordada de manera muy inteligente en el relato de Arthur C. Clarke titulado «Error técnico». Este excelente y clarividente relato cuenta la historia de una persona que se transforma en su imagen especular tras sufrir un accidente en un laboratorio donde se realizan ensayos de superconductividad. George Church ha retomado la propuesta de crear organismos espejo mediante técnicas de ingeniería genética, tal como se describe en su libro *Regenesis: How synthetic biology will reinvent nature and ourselves.*

2. Los versos de Cesare Pavese «Mientras haya nubes sobre Turín / será bella la vida. [...] / Mañana tendré tiempo / para encerrarme y apretar los dientes. Ahora toda la vida / son las nubes, las plantas y las calles, perdidas en el cielo» pertenecen a distintas estrofas del poe-

ma «Canción», incluido en su libro *Vendrá la muerte y tendrá tus ojos* (Barcelona, Mondadori, 1998).

3. El libro *Inteligencia artificial,* de Pablo Rodríguez (Barcelona, Deusto, 2018) describe de manera excelente y rigurosa la situación en este campo y sus posibilidades en el futuro.

Capítulo 12: *Homo sapiens sentiens* 2.0

1. Se puede encontrar información adicional sobre las ideas de Ray Kurzweil acerca de la singularidad en sus libros *La Singularidad está cerca* y *Cómo crear una mente* (Berlín, Lola Books, 2015 y 2016).

2. Se pueden consultar datos de interés recogidos por la Organización Mundial de la Salud sobre la enfermedad de Alzheimer y sobre otras enfermedades neurodegenerativas en la web <http://www.who.int/mental_health/neurology/dementia/en/>.

3. Para más información sobre los proyectos Blue Brain y BRAIN véanse las páginas web: <https://bluebrain.epfl.ch/> y <https://www.braininitiative.nih.gov/>. Algunos artículos de referencia sobre la optogenética son K. Deisseroth, «Optogenetics: 10 years of microbial opsins in neuroscience», *Nature Neuroscience,* vol. 18, 2015, págs. 1213-1225; G. Miesenböck, «The optogenetic catechism», *Science,* vol. 326, 2009, págs. 395-399; Boyden *et al.,* «Millisecond-timescale, genetically targeted optical control of neural activity», *Nature Neuroscience,* vol. 8, 2005, págs. 1263-1268; y Lima y Miesenböck, «Remote control of behavior through genetically targeted photostimulation of neurons», *Cell,* vol. 121, 2005, págs. 141-152.

4. Entre los artículos científicos que analizan cómo ha influido sobre la ciencia de nuestra época el libro de Mary Shelley titulado *Frankenstein, el moderno Prometeo* se encuentran Kupferschmidt, K., «The long shadow of Frankenstein», *Science,* vol. 359, 2018, págs. 146-147; Van den Belt, H., «Frankenstein lives on», *Science,* vol. 359, 2018, pág. 137; y Wijdicks, E. F. M., «Reflecting on the bicentennial of Mary Shelley's "Frankenstein": From novel to film and the 2 brains», *JAMA Neurology,* vol. 75, 2018, págs. 149-150.

5. Según información disponible en numerosos sitios de Internet, un robot con rasgos femeninos llamado Michihito Matsuda se presentó en 2018 a las elecciones municipales de Tama, un distrito de

Tokio. Su programa incluía como argumento fundamental la lucha contra la corrupción y además se comprometía a recoger las opiniones de los ciudadanos y a ofrecer oportunidades equilibradas para todos. Michihito fue el tercer candidato más votado, con 4013 votos, por detrás de Hiroyuki Abe, que obtuvo 34 603, y Takahashi Toshihiko, con 4457.

6. El artículo científico que describe con detalle el programa de inteligencia artificial llamado Libratus, que es capaz de ganar a los campeones mundiales de póquer, es Brown y Sandholm, «Superhuman AI for heads-up no-limit poker: Libratus beats top professionals», *Science,* vol. 359, 2018, págs. 418-424.

7. El excelente libro de Ricard Solé titulado *Vidas sintéticas* (Barcelona, Tusquets, 2012) describe de manera brillante y amena la historia de los autómatas y de la robótica, y reflexiona sobre las posibilidades de la biología sintética para la creación de nuevas formas de vida.

8. Una selección de los artículos de Susumu Tonegawa sobre el trasplante de recuerdos y la transformación de recuerdos negativos en positivos sería la siguiente: Ramirez *et al.*, «Activating positive memory engrams suppresses depression-like behaviour», *Nature,* vol. 522, 2015, págs. 335-339; Redondo *et al.,* «Bidirectional switch of the valence associated with a hippocampal contextual memory engram», *Nature,* vol. 513, 2014, págs. 426-430; y Ramirez *et al.,* «Creating a false memory in the hippocampus», *Science,* vol. 341, 2013, págs. 387-389.

Capítulo 13: Las claves de la felicidad

1. El artículo que describe por primera vez las claves moleculares y celulares del envejecimiento de una forma integrada es López-Otín *et al.*, «The hallmarks of aging», *Cell,* vol. 153, 2013, págs. 1194-1217.

2. Algunos de los artículos científicos que plantean estrategias de invisibilidad son Gur *et al.*, «Structural basis for the brilliant colors of the sapphirinid copepods», *Journal of the American Chemical Society,* vol. 137, 2015, págs. 8408-8411; y Romero-Cortés *et al.,* «Full-field broadband invisibility through reversible wave frequency-spectrum control», *Optica,* vol. 5, 2018, págs. 779-786.

3. La vida del profesor Morrie Schwartz se recrea en el inolvidable libro *Martes con mi viejo profesor,* de Mitch Albom (Madrid, Maeva, 2008).

4. El artículo que demuestra que la divagación mental favorece la infelicidad es Killingsworth y Gilbert, «A wandering mind is an unhappy mind», *Science,* vol. 330, 2010, pág. 932. La idea de que la felicidad está en cierta medida en vivir el presente se discute ampliamente en libros como *Déjate en paz y empieza a vivir,* de Fabrice Midal (Barcelona, Paidós, 2018), y *El poder del ahora,* de Eckhart Tolle (Móstoles, Gaia, 2007).

5. Un excelente libro que invita a observar el mundo y la vida es: *En un metro de bosque,* de David G. Haskell (Madrid, Turner, 2017).

6. Un pequeño y elegante libro que nos recuerda que también en las ciudades se puede observar la magia de la vida es *Fisiología del flâneur,* de Louis Huart (Madrid, Gallo Nero, 2018). Este libro también me recordará siempre a Kathleen, la maravillosa persona que me lo regaló poco antes de despedirse de la vida.

7. Los experimentos que demostraron que un grupo de estudiantes universitarios prefería recibir una pequeña descarga eléctrica antes que permanecer unos minutos en soledad y en silencio se describen en Wilson *et al.*, «Just think: The challenges of the disengaged mind», *Science,* vol. 345, 2014, págs. 75-77.

8. El vídeo que recoge la interpretación de Patti Smith de la canción de Bob Dylan *A hard rain's a-gonna fall* durante la ceremonia de entrega de los Premios Nobel de 2016 se puede ver en <https://www.youtube.com/watch?v=941PHEJHCwU>.

Capítulo 14: El arte de la felicidad

1. Para más información sobre la idea del colapso clonal que implica la pérdida de la función y diversidad de las células progenitoras con el paso del tiempo, véase Goodell y Rando, «Stem cells and healthy aging», *Science,* vol. 350, 2015, págs. 1199-1204. La cita del tiempo rezagado proviene de unos versos del maravilloso poema «Otoño de las rosas» de Francisco Brines: «Vives ya en la estación del tiempo rezagado: / lo has llamado el otoño de las rosas. / Aspíralas y enciéndete. Y escucha, / cuando el cielo se apague, el silencio del mundo».

2. La cita de la conversación mantenida entre Carmen Arriagada, Moritz Rugendas y Charles Darwin sobre la enfermedad llamada vida humana se ha extraído de un libro excelente de Carlos Franz titulado *Si te vieras con mis ojos* (Madrid, Alfaguara, 2016).

3. La invitación de Mario Vargas Llosa a seguir soñando, leyendo y escribiendo se encuentra en «Elogio de la lectura y la ficción», su emocionante discurso de aceptación del Premio Nobel de Literatura, que pronunció en Estocolmo el 7 de diciembre de 2010.

BIBLIOGRAFÍA

A continuación figura una serie de libros cuya lectura ha proporcionado ideas o datos importantes para la preparación de *La vida en cuatro letras.*

Åkerström, Lola A., *Lagom: el secreto sueco de la buena vida*, Barcelona, Cúpula, 2017.

Albom, Mitch, *Martes con mi viejo profesor*, Madrid, Maeva, 2008.

Álvarez de Mon, Santiago, *Mi agenda y yo: repensando nuestra relación con el tiempo*, Barcelona, Plataforma, 2017.

Bauman, Zygmunt, *El arte de la vida*, Barcelona, Paidós, 2017.

Bermúdez de Castro, José M., Carlos Briones y Alberto Fernández, *Orígenes: el universo, la vida, los humanos*, Barcelona, Crítica, 2015.

Brines, Francisco, *El otoño de las rosas*, Madrid, Biblioteca Nueva, 2013.

Church, George y Ed Regis, *Regenesis: How synthetic biology will reinvent nature and ourselves*, Nueva York, Basic Books, 2014.

Csikszentmihalyi, Mihaly, *Fluir: una psicología de la felicidad*, Barcelona, Kairós, 1997.

Damasio, Antonio, *El extraño orden de las cosas*, Barcelona, Destino, 2018.

DeSalle, Rob, *Our senses: An immersive experience*, New Haven, Yale University Press, 2018.

Doudna, Jennifer y Samuel Sternberg, *A crack in creation: The new*

power to control evolution, Boston, Houghton Mifflin Harcourt, 2017.
Foer, Franklin, *Un mundo sin ideas*, Barcelona, Paidós, 2017.
Franz, Carlos, *Si te vieras con mis ojos*, Madrid, Alfaguara, 2016.
Fuster, Valentín y Josep Corbella, *La ciencia de la larga vida*, Barcelona, Planeta, 2016.
García Gual, Carlos, *El sabio camino hacia la felicidad*, Barcelona, Ariel, 2016.
—, Javier Gomá Lanzón y Fernando Savater, *Muchas felicidades*, Barcelona, Ariel, 2014.
García Márquez, Gabriel, *Cien años de soledad*, Barcelona, Debolsillo, 2014.
—, *El amor en los tiempos del cólera*, Barcelona, Debolsillo, 2014.
Gawdat, Mo, *El algoritmo de la felicidad*, Barcelona, Zenith, 2018.
Harris, Michael, *Solitud: hacia una vida con sentido en un mundo frenético*, Barcelona, Paidós, 2018.
Haskell, David G., *En un metro de bosque*, Madrid, Turner, 2017.
Huart, Louis, *Fisiología del flâneur*, Madrid, Gallo Nero, 2018.
Jong, Ed, *Yo contengo multitudes*, Barcelona, Debate, 2017.
Kandel, Eric R., *Reductionism in art and brain science: Bridging the two cultures*, Nueva York, Columbia University Press, 2016.
Lenoir, Fréderic, *Sobre la felicidad: un viaje filosófico*, Barcelona, Ariel, 2014.
Margarit, Joan, *Todos los poemas (1975-2015)*, Barcelona, Austral, 2018.
Midal, Fabrice, *Déjate en paz y empieza a vivir*, Barcelona, Paidós, 2018.
Monod, Jacques, *El azar y la necesidad*, Barcelona, Tusquets, 2016.
Mosterín, Jesús, *La naturaleza humana*, Barcelona, Austral, 2006.
Muñoz Molina, Antonio, *Un andar solitario entre la gente*, Barcelona, Seix Barral, 2018.
Navarro, Tomás, *Kintsukuroi: el arte de curar heridas emocionales*, Barcelona, Zenith, 2017.
Ordine, Nuccio, *La utilidad de lo inútil*, Barcelona, Acantilado, 2018.
Peterson, Jordan B., *12 Rules for life: An antidote to chaos*, Nueva York, Random House, 2018.
Pinker, Steven, *En defensa de la Ilustración: por la razón, la ciencia, el humanismo y el progreso*, Barcelona, Paidós, 2018.

Punset, Eduardo, *El viaje a la felicidad*, Barcelona, Destino, 2007.
Riso, Walter, *Maravillosamente imperfecto, escandalosamente feliz*, Barcelona, Planeta, 2016.
Rodríguez, Pablo, *Inteligencia artificial*, Barcelona, Deusto, 2018.
Rovira, Álex y Francesc Miralles, *El laberinto de la felicidad*, Barcelona, Aguilar, 2007.
Sapolsky, Robert, *Behave: The biology of humans at our best and worst*, Nueva York, Penguin Press, 2017.
Schopenhauer, Arthur, *El arte de ser feliz*, Barcelona, Herder, 2016.
Shermer, Michael, *Heavens on earth: The scientific search for the afterlife, immortality, and utopia*, Nueva York, Henry Holt and Company, 2018.
Siegel, Daniel J., *Viaje al centro de la mente*, Barcelona, Paidós, 2017.
Solé, Ricard, *Vidas sintéticas*, Barcelona, Tusquets, 2012.
Strager, Hanne, *A modest genius: The story of Darwin's life and how his ideas changed everything*, CreateSpace Independent Publishing, 2016.
Tegmark, Max, *Life 3.0: Being human in the age of Artificial Intelligence*, Nueva York, Knopf, 2017.
Tolle, Eckhart, *El poder del ahora*, Madrid, Gaia, 2013.
Vilas, Manuel, *Ordesa*, Madrid, Alfaguara, 2018.
Wiking, Meik, *Hygge: la felicidad en las pequeñas cosas*, Barcelona, Cúpula, 2017.

GLOSARIO

ADN: ácido desoxirribonucleico, el material genético de la mayoría de los seres vivos.

Alelo: cada una de las variantes que presenta un gen en una especie.

Aminoácido: cada uno de los veinte constituyentes fundamentales de las proteínas.

Antropoceno: era geológica actual que reconoce y estudia el impacto humano sobre el planeta Tierra.

Apoptosis: una de las formas principales de la muerte celular programada.

ARN: ácido ribonucleico, que actúa como intermediario en la transmisión de la información genética. Además, es el material genético de algunos virus.

ATP: trifosfato de adenosina, molécula esencial para la obtención de energía en todos los organismos.

Ayuste: proceso de eliminación de intrones (regiones no codificantes) y unión de exones (regiones codificantes) durante la maduración de los ARN.

***Big Data*:** macrodatos o datos masivos generados durante el estudio de un problema complejo.

Biocracia: nueva forma de poder basada en la biología que emana de las crecientes posibilidades de manipular el material genético de los seres vivos.

Célula *stem*: célula troncal, madre o progenitora que tiene la capacidad de renovarse por sí sola para producir nuevas células de su mismo tipo y diferenciarse de las demás células especializadas.

Código genético: reglas que dirigen la conversión del lenguaje de nucleótidos de los genes en el lenguaje de aminoácidos de las proteínas.

CRISPR: repeticiones palindrómicas cortas agrupadas y regularmente interespaciadas (Clustered Regularly Interspaced Short Palindromic Repeats), que junto con la nucleasa Cas9 conforman un eficiente sistema de edición génica.

Cromosoma: estructura del interior de las células que contiene material genético.

Dataísmo: disciplina que se ocupa de la recopilación, análisis e interpretación de los datos masivos.

Disbiosis: pérdida del equilibrio microbiano de la microbiota normal debido a cambios en su composición, distribución o función.

Edición génica: técnica de manipulación genética que permite efectuar cambios en un genoma de un modo rápido y eficaz.

Epigenética: estudio de los cambios que regulan la expresión génica celular sin alterar la secuencia de ADN, como la metilación del ADN o la modificación de las histonas.

Factor de transcripción: proteína con función reguladora de la expresión génica.

Factores de Yamanaka: conjunto de cuatro factores de transcripción (Oct4, Sox2, c-Myc y Klf4) que pueden reprogramar células a un estado pluripotente.

***Flâneur*:** paseante de una ciudad, observador urbano.

Gen: unidad de información genética que codifica proteínas o ARN funcionales.

Genoma: conjunto de material genético de un organismo.

GWAS: siglas de Genome Wide Association Study, método para el estudio global de los polimorfismos de un genoma.

Holobionte: entidad formada por la asociación de diferentes especies que se integran en una unidad ecológica.

***Ikigai*:** propósito vital, razón de existir.

Inteligencia artificial: ciencia dedicada a construir máquinas inteligentes que puedan realizar actividades propias de la inteligencia humana, como el autoaprendizaje.

***Kintsukuroi*:** arte japonés de recomponer lo roto.

Metagenoma: conjunto de todo el material genético presente en una muestra ambiental; en nuestro caso, el conjunto del genoma humano y el de los microbios que nos habitan.

Micro-ARN: pequeñas moléculas de ARN que funcionan como reguladores de la información genética.

Microbioma: conjunto formado por los genes de los microorganismos presentes en un nicho ecológico determinado. De manera más amplia, representa la población total de microorganismos, sus genes y sus metabolitos presentes en dicho nicho ecológico.

Microbiota: comunidad de microorganismos vivos residentes en un nicho ecológico determinado, como el intestino humano.

Mitocondria: orgánulo celular que tiene su propio ADN y cuya función principal es la producción de energía.

Nucleótido: componente fundamental de los ácidos nucleicos que está constituido por una base nitrogenada, un azúcar y una molécula de ácido fosfórico.

Optogenética: combinación de métodos genéticos y ópticos para el estudio de funciones biológicas que usa la luz como agente inductor de diversos fenómenos en células de tejidos vivos.

Polimorfismo: variación natural de una secuencia de ADN.

Posbiótico: sustancia producida por la microbiota que tiene efectos funcionales en el huésped.

Prebiótico: componente no digerible de la dieta que beneficia al organismo, mejorando la función de la microbiota.

Probiótico: bacterias vivas que aportan beneficios al organismo.

Progeria: envejecimiento prematuro.

Proteína recombinante: proteína funcional producida mediante técnicas de ingeniería genética.

Reprogramación celular: reversión de una célula adulta a un estado de pluripotencia en el que es capaz de generar cualquier tipo de célula.

Secuenciación de genomas: desciframiento del orden en que están dispuestos los nucleótidos de un genoma.

Serotonina: neurotransmisor implicado en la regulación de las emociones y los estados de ánimo.

***Shinrin-yoku*:** baños de bosque; actividad de origen japonés que consiste en dar paseos por el bosque mientras se realizan ejercicios de respiración, relajación, coordinación y psicomotricidad.

Sinestesia: mezcla de sentidos o unión de sensaciones que permite ver los sonidos, oír los colores o saborear los números.

Singularidad: momento en el que los ordenadores superarán en inteligencia a los humanos, lo cual provocará una profunda transformación en el *Homo sapiens*.

Terapia génica: tratamiento basado en la introducción de genes específicos en las células del paciente para intentar curar alguna enfermedad.

AGRADECIMIENTOS

Mi mayor gratitud a todos los que me han enseñado a encontrar motivos para disfrutar de la vida: a mi familia, a mis mentores, a mis amigos, a mis discípulos y a mis alumnos. Gracias a todos los pacientes que han acudido a nosotros, por sus continuas lecciones de humanidad desde la adversidad. Gracias a quienes con generosidad y atención revisaron el primer manuscrito de este libro: Juan Valcárcel, María Mittelbrunn, José Muñiz, Ricard Solé, Víctor Quesada, Alicia R. Folgueras, Dido Carrero, Luis Alegre, Laura López-Velasco y Gloria Velasco. Gracias a Elisabet Navarro por su gran labor editorial y su confianza al invitarme a escribir este libro. Gracias a Rebeca, María, Miguel, Vicente, Guillermo, Mercedes, José, Juan, J. Julián, Raquel, Pepe, Alberto, Pura, Nuria, Paco, Pedro, Margarita, Cristina, Montse, Raquel, Benjamín, Natalia, Ángela, Radamés, Pilar, Chiara, Sylvie, Lynda, Valentina, Chema, José Ramón, César, Carlos, Ramón de Cangas y Ana, por su presencia discreta y continua en momentos difíciles. Gracias a Enrique, mi maestro zen, por su ayuda en la modulación epigenética de la confusión; a Rebe y Karine por sus enseñanzas durante mi vida en La Isla, y a Guido por acogerme en la Ciudad de la Luz.